走向一种新类型的建筑
非标准建筑设计导则

TOWARDS A NEW KIND OF BUILDING
A Designer's Guide for Nonstandard Architecture

〔荷〕 卡斯·奥斯特豪斯（Kas Oosterhuis） 著

李 晋 译

冯 瀚 校

中国建筑工业出版社

著作权合同登记图字：01-2019-3589号

图书在版编目（CIP）数据

走向一种新类型的建筑：非标准建筑设计导则／
（荷）卡斯·奥斯特豪斯（Kas Oosterhuis）著；李晋译
．—北京：中国建筑工业出版社，2024.5
书名原文：TOWARDS A NEW KIND OF BUILDING A
Designer's Guide for Nonstandard Architecture
ISBN 978-7-112-29816-7

Ⅰ.①走⋯ Ⅱ.①卡⋯②李⋯ Ⅲ.①建筑设计—研
究 Ⅳ.①TU2

中国国家版本馆CIP数据核字（2024）第090914号

TOWARDS A NEW KIND OF BUILDING
A Designer's Guide for Nonstandard Architecture
Kas Oosterhuis
ISBN 978-90-5662-763-8
© 2011 NAi Publishers, Rotterdam
© 2011 Kas Oosterhuis

Chinese translation © China Architecture & Building Press 2024

本书由国家自然基金资助（编号：51378210）。

责任编辑：孙书妍
书籍设计：锋尚设计
责任校对：赵　力

走向一种新类型的建筑　非标准建筑设计导则
TOWARDS A NEW KIND OF BUILDING　A Designer's Guide for Nonstandard Architecture
［荷］卡斯·奥斯特豪斯（Kas Oosterhuis）　著
李　晋　译
冯　瀚　校

＊
中国建筑工业出版社出版、发行（北京海淀三里河路9号）
各地新华书店、建筑书店经销
北京锋尚制版有限公司制版
天津裕同印刷有限公司印刷
＊
开本：787毫米×1092毫米　1/16　印张：11　字数：184千字
2024年5月第一版　　2024年5月第一次印刷
定价：**138.00**元
ISBN 978-7-112-29816-7
（42339）

版权所有　翻印必究
如有内容及印装质量问题，请联系本社读者服务中心退换
电话：（010）58337283　　QQ：2885381756
（地址：北京海淀三里河路9号中国建筑工业出版社604室　邮政编码：100037）

目　录

❷ 塑造形体

通过动力线收集组织点云数据来塑造形体

❸ 移动形体

在一个复杂自适应系统中，建筑构件如同演员

❹ 发展形体

建筑主体是不断进化中的独立宇宙

序　言

木已成舟！建筑的新形体

卡斯·奥斯特豪斯（Kas Oosterhuis）是世界上为数不多的"跨越卢比孔河"[①]的建筑师之一。对于奥斯特豪斯来说，木已成舟，必须"走向一种新类型的建筑"。奥斯特豪斯在新建筑的遥远海岸上建立了一个坚固的、富有表现力和可信度的前哨站。这个前哨站为所有那些认为有必要进行一场与信息技术相关联的革命的人提供了一个基准。同时，他的作品也是所有当代建筑的一个参考点。

　　这个前哨站的关键要素是什么？第一个组成部分是一系列实际建造的作品，它们具体地展示了这些新原则。其中包括具有历史意义的建筑，如1997年在荷兰内尔蒂扬斯（Neeltje Jans）建造的盐水亭（Saltwater Pavilion）（世界上最早的互动建筑之一）、曾德伦（Zenderen）的垃圾转运站（Garbage Transfer Station），或北荷兰Web馆（Web of North-Holland pavilion）。但这些主要作品中有一件脱颖而出，成为近代建筑的真正杰作：声屏障内的驾驶舱（the Cockpit in the Acoustic Barrier），作为声屏障的基础设施系统，在发展的过程中逐渐转变为一个真正的建筑物。

　　这种吸声结构的定义是，它在景观中移动和变化，并发挥不止一种功能——声学基础设施、防风、潜在的太阳能收集器和环境净化系统，最后发挥实际的建筑功能。通过反冲和折叠，这个屏障创造了一个优雅的汽车陈列室与车库环境，接着再展开，再次成为一个屏幕和声屏障。这个建筑为过去几年来贯穿所有建筑研究的一系列主题提供了一个新视角。这清楚地证明，即使是那些不真正相信奥斯特豪斯理念的人，也不能忽视这项工作所实现的建筑价值。

　　但是将主要建筑放置在这个场地的能力，只是奥斯特豪斯工作的

---

① 公元前49年，凯撒违规带兵越过意大利和高卢的界河卢比孔河（Rubicon），从而不可避免地引发了战争。现在卢比孔河意为无法退回的界限。——译者注

第一部分，第二部分是他于2000年在代尔夫特理工大学创立的超体（Hyperbody）研究组进行的大学研究。该研究组建立原型、发表评论、组织会议，并让教师和博士生以及数百名在校学生参与更复杂的理论研究。所有这一切都发生在鹿特丹（Rotterdam），这座城市以其建筑活力和作为荷兰建筑师学会（NAI）所在地而闻名，尤其荷兰建筑师学会还是全球建筑文化推广和传播的活跃中心之一。

除了在大学的研究，第三部分自然是与他的妻子伊洛娜·勒纳（Ilona Lénárd）一起创建的ONL［Oosterhuis_Lénárd］工作室。勒纳的作品不断活跃着专业发展和艺术研究之间的关系。积极设计的挑战是通过强大的说服力来解决的，技术供应商，尤其是客户以及所有合作者共同在奥斯特豪斯和勒纳的指导下，引入了一个新的建筑概念面对与传统截然不同的建筑的各个方面，并解决其中的问题。

那么此时还缺少什么呢？目前缺乏的就是一本可以综合这些方法和观点的书。这一切终于到来了，你正拿着它。正如你知道的那样，在过去的几年里，奥斯特豪斯实际上已经完成了相当多的文字工作，包括他那些优雅的、插图完美的作品，一些文章和散文的合集，还有他组织的大量会议的混杂卷，以及一些以理论为主题的书籍，如"建筑IT革命中的超体"（*Hyperbodies in the IT Revolution in Architecture*）丛书。

但是你现在看到的这本书比之前的作品要深入得多，它对ONL或其他设计师设计的许多建筑、原型和项目的结构、信息和实例都有涉及。事实上，这本书最独特和成功的方面在于理论设计和具体例子之间的相互作用。

本书分为四大部分，使用形体的类比帮助理解新的建筑。第一部分叫作"标记形体"。这是什么意思？这意味着建筑物的所有组件都可以被标记，也就是说，它们是系统可识别的部分。考虑将已经相当便宜的射频识别技术（RFIDs）应用到建筑物的各个组件中，使组件变得可识别、可命名、可个性化，每个组件都是不同的，最重要的是可激活的……就像每个个体都是真实的存在。这种标签组件式建筑的潜在行为是什么？首先，也是最重要的，它是"成群移动的"；也就是说，各个组件与相邻组件共享多个规则，具有局部的微观行为和宏观的群体行为！你可能会说："这太疯狂了！"但是请记住文章开头的话。这种方法不再仅是未来主义理论，ONL实际上已经创建并构建了这些东西。

　　本书的第二部分叫作"塑造形体"，描述了这种新型建筑在逻辑上是如何设计的、它遵循的规则，以及它可以采取的形式。奥斯特豪斯的一系列基本思想将在这一阶段发挥作用。例如，"一个建筑、一个细节"，或是延长有开端和终端的结构来管理一系列的输入和输出，或一系列与汽车设计和构造的类比。

　　第三部分叫作"移动形体"，更充分地发展了与互动原则相联系的基本思想。也就是说，建筑是不断重构的，根据奥斯特豪斯的说法是"物理的"可重构性。换句话说，建筑的移动实际上是随着功能、环境和环境条件的改变而变化。其演化的终极状态是一种有"欲望"的建筑，至此，建筑演化成像动植物一样动态有生命的存在，而不是静态石头的堆砌。

　　第四部分叫作"发展形体"，而不是用新类型建筑处理线性的发展和推演，新类型建筑包含即将进入建筑世界的新技术进步。考虑到在构建纳米技术、文件到工厂（F2F）或计算机数字控制方面的应用，奥斯特豪斯认为这些都是已经广泛测试过的现实部分，但它们还没有普遍渗透到设计和生产工作中。

　　在最后一部分中，作者将自己的思想娓娓道来，并明确地抨击其他建筑立场，这是让读者很感兴趣的部分；其中一些是在他的IT研究领域［例如，他的方法与"流体建筑"（Blob Architecture）的概念相去甚远，更接近于马科斯·诺瓦克（Marcos Novak）、帕特里克·舒马赫（Patrick Schumacher）或渡边诚（Makoto Sei Watanabe）等建筑师的工作］，还有一些是关于建筑后结构主义的观点，尤其是库哈斯的观点（他显然与之相去甚远）。简而言之，奥斯特豪斯利用这些差异向我们展示，正如一开始所说的，他已经站在了建筑新理念的前沿。他写道：

　　我的个人设计宇宙是由空间中相互作用的点群组成的，这些点群通过感知它们自身的力场无线连接，并与它们的近邻进行通信……我的设计宇宙包括相互作用的点云，每个点都表现得好像它是世界的中心，即使它只是"某个地方"，就像我们的地球只是银河系的某个地方……每个点都是一个参与者，总是忙于测量和调整其相对于其他点的位置。每个点都是一个执行器，触发其内部程序的执行。每个点都是一个IPO（输入—处理—输出设备），一个接收方、一个处理方和一个发送方。我的个人设计点云的每个点都表现其行为，它有个性和风格。点云的每一个点都是一个可弹奏的微观乐器，是一个要被展开的游戏。

这本书的最后一部分提供了一个反思量子力学与一系列的研究、讲座和研究项目的观点。量子世界的发展是跳跃式的，而不是缓慢的转变，在这个世界里，对立的立场共存，同时有一种研究现象的方法，这种方法非常接近于所有生物的非预先建立的组织，因为它实际上是"概率性"的。在这一点上，我们很清楚为什么量子理论在很大程度上会影响卡斯·奥斯特豪斯正在建造的新型建筑，及其量子模型BIM的构建（一种"处理不确定性和不可预测性原则"的建筑信息模型）。

我特别感兴趣的是讨论一位作者——艾萨·亚利达（Ayssar Arida）的观点，他写了一本关于量子力学在城市设计中的应用的书——《量子城市》（Quantum City）——来描述两种将量子理论（或实际上任何其他科学理论）具体应用于设计的方法：一是通过建模；二是通过隐喻化。当然，奥斯特豪斯也是一名建造者和建筑师，他非常关注自己设计的组件交互系统的具体解决方案，对任何模糊的隐喻化概念（将科学理论作为"泛泛而谈"的灵感）都有极大的怀疑。奥斯特豪斯显然致力于，并持续致力于制作真正的"模型"，也就是说，量子力学和超体之间几个基本联系的数学外推（这之后成为一种描述这种新型建筑的方法，且你已经明白这一点）。亚利达在他的书中提出了两种方式，他一步就实现了一个基本特征。与其他科学理论不同，量子理论与隐喻本身有几个共同的原理。特别是互补性原则，也就是说，"和"（both/and）逻辑存在于量子理论中。换句话说，元素可以通过向一个方向或另一个方向演化来修改。虽然这一观点在亚利达的书中没有得到进一步的发展，但这对理解奥斯特豪斯来说是一个至关重要的问题。

让我们试着去理解。从"建筑业的IT革命"（IT Revolution in Architecture）丛书开始，隐喻在创建新一代架构中的作用就被视为新架构的驱动引擎之一。1998年［在"超政治"（Hyperarchitettura），即本系列第一本书的后记］，我写道："我们能否开发出一种不仅是隐喻性的，而且是'隐喻创造者'的建筑？留下自己开放、自由、结构化或非结构化的解码，并建议和呈现给用户'创造自己的故事'的可能性？"

换句话说，新建筑的真正目的不仅是第一层的隐喻（例如，一个让人想起船的存在的博物馆），而且是第二层、更高层次的隐喻，我们应该不仅仅想象一个流动的、隐喻的、开放的建筑，利用皮肤作为新的、非物质的传感器，包含多媒体来推动控制系统和信息系统，而且，最重要的是，它能够生成并导致生成其他隐喻，并且对这种隐喻的解读不是严格预先设置的，而是"概率性地"打开的。我们难道不能把这个雄心勃勃而又困难的想法作为我们努力的前沿目标吗？

此时读者可能会对自己说，这个序言的作者（连同奥斯特豪斯）简直是疯了！二级隐喻、量子理论和新建筑的方向之间有什么关系？但是如果你考虑一下，就会明白。古典科学的整个建构是决定论、绝对性、因果性的。量子力学是"概率的"，就像在现实生活中一样，任何事件都有或高或低的概率发生。对于生命而言，不管是动物还是植物，没有什么事情是确定的，而是概率的。因此，在美学和诗学知识领域，隐喻也符合同样的概率规律！隐喻使视野变窄，指引一种观察、行动或解释的方式，它不是全然的封闭，而只是变窄，加速了趋同的领域。换句话说，工作就像一群朝一个方向前进的蜂群，而不是流水线或行军。

卡斯·奥斯特豪斯将量子思想运用到建筑和作品中，并将其理论化，设计并教授如何创造这种新的建筑，最终引入了一个新的不可预见的方向和一个新的更高的层次。量子力学与隐喻有着相同的基本特征。隐喻即量子，因此量子理论（最重要的科学理论之一，其潜力尚未被完全发掘）也解释了一种发散性思维的存在，这种思维是意想不到的，是少数人有的，是一种美学知识。

在这一点上，艺术可以被视为像概率一样非预设的存在，但当它发生时，它揭示了一条新的道路，这条道路通过偏离轨道发现了一些新的东西！隐喻、量子和艺术共同承担着风险、可能性和巧合，而这些都是生活的一部分。

所以"进化形体"，你，这本书的读者！有了卡斯·奥斯特豪斯，有了他的工具，有了他的原型，有了他的想法，有了他的软件，有了他对如何构建和创建新架构的卓越直觉。作为读者、建筑师和设计师，你们也必须体验这个新方向。一个坚实的前哨站已经为这次冒险而存在，但领土尚未被探索。这可能是艰巨的、充满陷阱的，但这是未来的土地。

安东尼诺·萨吉奥（Antonino Saggio）

标记形体

所有建筑构件都将被标记来处理信息

1.1　这个世界在发生转变

世界在改变。建筑学、建筑艺术也在改变，这主要是由于通信和制造方法在不断变化，并且变化速度在不断加快。在这本书中，我基于群体行为的原则提出了一个建筑的理论与实践，这是从一个具有挑衅性的假设中提出的，即所有建筑构件必须被设计为活跃的参与者。我已经得出结论，建筑和它们的组成部分不能再被看成被动的对象。这个假设彻底改变了我们组织设计过程的方式、组织生产过程的方式以及我们与建筑结构相互影响的方式。这种新类型的建筑以数字技术应用于建筑行业为基础，这些技术包括参数化设计、生成组件、文件到工厂式的生产、大规模定制和嵌入式智能代理等。一步一步地，我们正在平衡熟悉的自上而下的控制与涌现的自下而上的行为。我们正在重新思考基本构建块，并在所有建筑组件之间建立自下而上的双向关系。我将探讨从大规模生产到大规模定制模式的转变对设计师想象力产生的影响。一旦设计师对这个现实持开放态度，建筑学将跟原来不再一样。在未来50年内，这个新的现实将会是国际建筑师的共同语言。

如果我的假设被证明是错误的——尽管在过去的20年里，我在鹿特丹的ONL建筑事务所里为提高工业定制在现实作品里的运用做出了所有的努力，以及，在过去的10年里，我在代尔夫特理工大学建筑学院为发展群体行为理论做出了努力——我将会是第一个知道的。但如果它被证明是正确的，我会非常高兴，因为我成了根据工业定制规则进行设计与房屋建造的先行者；我会非常满意，因为我探讨了建筑行业中群体行为的迷人的因果关系。

001　联系

现在是2010年的夏天，从我第一次使用GSM（全球移动通信系统）网络的手机到现在只过了14年；从我在韦尔（Well）——由凯文·凯利（Kevin Kelly）在加利福尼亚州的索萨利托（Sausalito）经营的初创公司——第一次得到电子邮件地址到现在，只过了16年。我第一次使用手机是我们在鹿特丹进行"寄生虫"（paraSITE）项目的时候。我第一次使用互联网是在1994年举办多学科活动"雕塑城"（Sculpture City）的时候。我在1988年购买了我的第一台计算机，是臭名昭著的雅达利1024代（Atari 1024ST），我用它为在博曼斯·范·博宁根美术馆（Museum Boymans van Beuningen）举办的特奥·凡·杜斯堡（Theo van Doesburg）展做了我设计的三维造型模型。同时，我的搭档伊洛娜·勒纳用雅达利直观地写生，探索了早期的3D程序，比如STAD3d。从1988年到1989年，我们在法国默东（Meudon）的特奥·凡·杜斯堡以前的工作室里生活、工作。在去那里之前，我购置了一台电话–传真机，这花了我超过3000荷兰盾，目的是与建筑联盟学院（伦敦）（我曾是中级学生第十二单元的单元教师）以及我的客户埃弗特·凡·史崔登（Evert van Straaten）就关于鹿特丹杜斯堡展的事进行通信。在20世纪

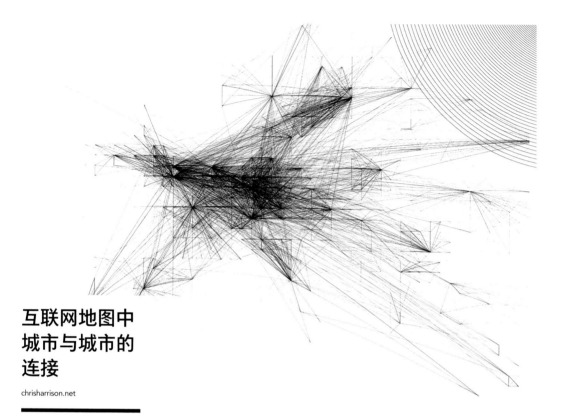

互联网地图中城市与城市的连接

chrisharrison.net

80年代末和20世纪90年代初，我们通过互联网、手机和传真机与世界联网。我们本能地知道，我们需要为艺术和建筑探索新技术的潜力。这启发我们组织了一系列的活动：在柏林和代尔夫特理工大学举办的"白画廊的人工直觉"（Artificial Intuition in Galerie Acdes，1990年）；在阿默斯福特（Amersfoort）的宗内霍夫（Zonnehof）的"综合维度与全球卫星"（Synthetic Dimension and Global Satellite，1991年）；"鹿特丹互联网上的雕塑城市"（Sculpture City in Rotterdam and the Internet，1994年）；在鹿特丹、维也纳、布达佩斯和柏林的"建筑基因"（Gene of Architecture，1995年）。一旦我们见识到ICT（信息和通信技术）运用在建筑和艺术上是有希望的，我和伊洛娜便决定以建筑与艺术在数字平台上相融合的方式构建我们的建筑实践，这使得我们能够与其他许多学科领域的从业人员交流信息和原始数据，如作曲家、工程师和平面设计师。ONL建筑事务所在国际建筑师群体中是一个先行者，只是因为我们有兴趣在我们的专业内应用新技术。虽然现在已经知道那时候我们远远领先于时代，但当时我们认为必须要这样做。

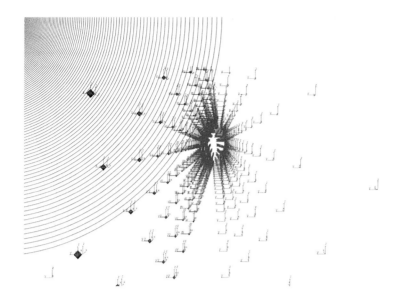

声屏障参考点的点云

ONL [Oosterhuis_Lénárd] 2004

002 点云声屏障

1988年，我们受乌特勒支（Utrecht）附近的莱顿莱茵项目办公室（Project-bureau Leidsche Rijn）的诺拉·胡根霍兹（Nora Hugenholtz）委托，沿着A2高速公路做一个1.6公里长的声屏障设计，并要求我们思考如何在屏障上表现其背后的商业建筑。我们应用了多用途地面的策略，提出将一个实质性的建筑嵌入声屏障内。事实上，我们考虑将声屏障和这个建筑做成一个连续的结构，我们建议将这个建筑命名为"驾驶舱"，并且在它需要的地方增大体积。我们直觉地将许多策略组合成一个连贯的结构。因为我们概念性地描述了一个统一的、实体的项目，我们下一步可以有逻辑性地把整个项目发展成一个组织结构，包括平头、悬臂式末梢和延展出来的驾驶舱。我们提出建立一个有数千个参考点的"点云"的概念，而每个参考点在空间中占据着一个确切的位置，这使我们能够用一个脚本来高精度地描述所有的建筑组成部分。这在当时是前所未有的，乃至今日也是非常特殊的。建筑师高精度地控制了复杂的几何形态，而制造商梅杰斯钢铁公司（Meijers Staalbouw）在这种情况下可以使用建筑师的数控（CNC）数据极致地控制每个部分的生产，比如钢材、玻璃、橡胶。每个组成部分的尺寸与形状都是不一样的，这种大规模定制的"文件到工厂"（F2F）的过程就这样生成了，这样的技术我们从那个时候就开始运用了。

003 鸟群

每个人至少会有一次惊讶于看到鸟类在空中如何成群结队，很多人也对鸟类在空中集群时所遵循的简单规则进行了研究。鸟儿们聚集时不断地意识到与自己相邻的鸟儿，避免碰撞，

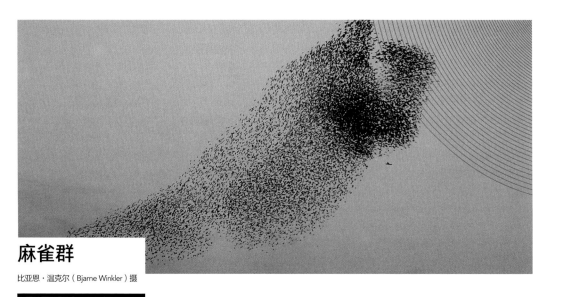

麻雀群

比亚恩·温克尔（Bjarne Winkler）摄

在距离上保持一致，并与相邻的鸟儿方向相适应，争取在群体中处于更为中心的位置。他们的这种群体行为甚至被用简单的计算机图形建模出来。

1986年，克雷格·雷诺兹（Craig Reynolds）做了一个动物运动行为（red3d.com）的计算机模型，基于三维几何计算编写了生物规则的脚本，并将其命名为"类鸟群"（boids）。那么，为什么我们对类鸟群和鸟群感兴趣？为什么2001年我在代尔夫特理工大学组织的第一场"游戏、规则和比赛"国际会议期间要介绍"集群建筑"（hyperbody.nl）？我的目标从一开始就很清晰：当时和现在，我都希望所有可能的建筑组件被看成相互作用的元素，它们相互之间有着双向的关系。这种表现方式引起了我的兴趣，因为它将为一种非静态的、实时活跃的体系结构奠定基础。格雷格·林恩（Greg Lynn）在他的书《动性形态》（*Animated Form*）（1998）中没有描述这种动性。事实上，他分离、扼杀了动性最纯粹的意义，这个意义是保持结构"知情"，就像鸟群一样。我的结论是没有理由扼杀这种动性，我们需要使用ICT维持建筑结构的整个生命周期的信息流。

1.2　由信息化的点所生成的"云"

随着世界的不断转变，我们需要不时地重新定义建筑学基础。自从推出个人电脑、全球互联网出现、微型化信息技术在消费品中得以运用以来，已经过去几十年了。虽然今天我们熟悉远程控制、无线互联网，熟悉智能代理在互联网上的活跃，熟悉智能代理被嵌入消费类产品，如打印机、汽车和电脑，但是还没有看到太多在建筑环境里建筑单元的变化，也没有看到太多设计与建设环境方式的变化。不过，我们在BIM中模拟了传统建筑材料如混凝土、钢、玻璃或复合材料，在程序里这些模拟的建筑构件被贴上了带有定性和定量属性的信息标签。但是大多数建筑师在设计过程中并不使用计算机技术，即使是著名大学里的学生也没有被教授如何使用计算机做设计。这再次证明了建筑业和教育机构的同行追赶新技术是多么慢。这不是我要抱怨的，我想展示的是建筑行业基础向前迈进的一个可能的方式。

　　要向前迈出这一步，我设想建筑结构可以用活跃的参考点的点云来表现，这些点就像鸟群一样一直在移动。点云中的点在不断地接收信息流并被告知如何表现。这些点处理信息流和产生新的信息流的方式就像鸟群中的鸟一样。假设接收到的、定义有空间坐标的信息不发生变化，那么点云中的这个点的位置将保持不变。现在假设一些数据做了改变，那么该点将采取相应的行动，并改变它的位置，或改变其他被赋予的属性值。新类型建筑的关键是，在设计过程以及整个生命周期中，所有的

智能微粒

ucsd.edu

参考点都会被加载信息。即使我们是被委托设计一个静态的环境，我们也建立了BIM，这样所有的组成部分可以潜在地接收、处理和发送信息流。也许我们应该把BIM称为"动态建造"（Building in Motion）。然后我们将进行更加深入的研究，探索在所有的建筑材料中嵌入智能信息处理标签，从而通过无线传感器识别与定位它们的可能性。想想，刚开始是将射频识别标签植入钢材、混凝土、玻璃或者复合材料，然后是微型计算机，接着还有各种各样的执行器。在过去的十几年里，我和我的超体研究组在代尔夫特理工大学已经设计和建造了几个原型，显示出巨大的潜力。ONL工作室发现了有前途并具有功能应用的理论，那就是承载信息的点云作为所有建筑组成部分中信息流联系的基本构建块。在相互作用的复杂适应系统的环境中，承载信息的建筑单元体因此变成了作用物。

iWEB

ONL［Oosterhuis_Lénárd］ 2007/
迪特尔·范多伦（Dieter Vandoren）摄

**51°59'49"N
4°22'35"E**

1.3 触及本质

这本书既是一本指导日常建筑实践的书，也是一本指导研究人员钻研理论构建以推动实践发展的书。这本书的基本信息有极大可能"触及本质"，此"本质"指的是基于原BIM（protoBIM，BIM意为建筑信息建模）的动态原则，建筑的基本模块需要被重新定义。他们不是砖块和砂浆，也不是唯一的位元和位元组。它是我们感兴趣的位和原子的合并；旧有的有机现实与新的虚拟现实的合并。一个合并到另一个，反之亦然。新的建筑模块都是承载信息的组成部分，硬件增强与软件映射到每个单独的建筑模块。每个建筑模块在任何地方、任何时间以数据流的方式与其他建筑模块进行交流，因此对于埃森曼（Eisenman）的ANY会议①的意义的看法需要有一个根本性转变。这个新的意义把我们从垂死的解构主义时代带入综合建筑这个充满活力的时代，这并不是我在1990年柏林白画廊的第一次个人展中偶然选择的主题。综合建筑意味着重新定义每个建筑模块和从头开始建立新的语言。综合建筑已经经历了一系列进化过程，从流动建筑（马科斯·诺瓦克，1991）到反式结构（马科斯·诺瓦克，1995），再到非标准建筑［弗雷德里克·米加鲁（Frédéric Migayrou）/泽内普·门南（Zeynep Mennan），2003）］。现在，学生和年轻专业人士使用Genertive Components［一款计算设计软件，罗伯特·艾什（Robert Aish）/宾利（Bentley）系统］、Grasshopper（Rhino插件）、Digital Project（一款由Gehry Technologies开发的建筑定制软件）或类似的参数化软件合成新的建筑语言是很常见的情况。ONL在这个领域的贡献在于将此类型的生成结构在大尺度上实际建造出来，早在1997年盐水亭项目、2002年北荷兰Web馆以及2005年声屏障内的驾驶舱中就体现出来了。ONL有效率地在位与原子之间创建了联系，并证明了20世纪90年代初决定的方向是正确的选择。这一前瞻性的方法已经产生了一种基于重新彻底定义的建筑基因的新类型建筑。

触及本质。我们往前走是因为我们不想回头看。我们不会看后视镜，也就不会看到背后的东西，我们想到处看看，欣赏我们所看到的。现在，2010年，是加快建筑和建筑业创新的最佳时机。这是一个在互联网泡沫和次贷危机动摇了社会基础之后又重新思考社会基础的时代。这是一个在与建筑相关的所有行业中实施连续非标准定制的合适时机，无论是对设计师还是制造商。而对我来说，这是一个发展基于群体行为原则的原BIM改革创新的最佳时机，并由此可激发软件开发人员支持这种新类型的动态建筑。触及本质并不意味着要回到20年前我们已经知道的知识。触及本质意味着重新定义我们的核心业务，重新定义建筑学，重新定义建筑行业，重新定义本体结构的行为，重新定义我们的职业本质。

---

① 20世纪90年代在西方的一个著名会议，它从1990年到2000年，每年召开一次，在不同的地点连续开了10年。10次会议均以ANY为首码，构成如ANYWHERE或ANYONE，10次的总称为ANY会议。此会议发起者和召集者是美国建筑师埃森曼、日本建筑师矶崎新、法国哲学家德里达等各学科活跃人物。——译者注

原空间4.0实验室的原细胞建筑模块

超体研究组 2010/

克里斯·基维德（Chris Kievid）摄

004 原细胞

　　由于2008年那场摧毁了建筑学院的大火，在iWEB亭子（早前被称为北荷兰Web馆）的原空间（protoSPACE）实验室2.0不得不关闭。2010年春天，我们在代尔夫特理工大学校园内的新BK城（建筑学院）内开设了原空间实验室3.0。2009年，超体研究组的学生在理学硕士二年级（MSc2）课程中设计了原空间实验室4.0，这是一个在BK城与代尔夫特科学中心之间的独立展馆。对于原空间实验室4.0，我们开发了一套全新的建筑系统，该系统基于大型独特的数控（CNC）生产的建筑模块原型，这个建筑模块原型被我们称为原细胞（protoCELL）。这些参数化原细胞单元配备了一系列相互作用的特定功能群：日光群、人工照明群、通风群、互动群、热群、展示群。每个功能群包括10～20个参数化建筑组件。不同的群体在一个结构松散、相互指定的功能单元里相互作用，但从未违背单元所属的群。这些模块是通过数控加工聚苯乙烯泡沫并配以强聚脲表面喷涂生产出来的。所有群体里的所有建筑模块都是结构化与保温的。原空间4.0由100个大的建筑模块装配而成，合在一起就像一个独特的3D拼图作品。模块的重心形成了点云的参考点，这些参考点被进一步明确形成模块之间几何关系的细节，这样每一个参考点就成为一组参数化的相关点。

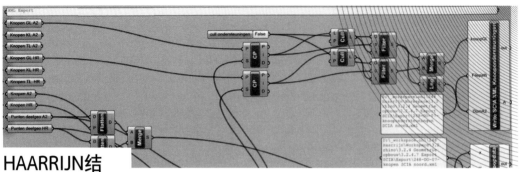

HAARRIJN结构体系中的GRASSHOPPER图表

ONL [Oosterhuis_Lénárd]

005 HAARRIJN项目中的GRASSHOPPER脚本

ONL/超体研究组设计的典型程序首先是定义整个结构的特征线，然后确定点云中的参考点，最后增加带有物理节点的细节的点。由Grasshopper脚本产生的数据直接被用于由CNC生产组成的建筑组件。Haarrijn声屏障的特征是沿着A2高速路一侧是密集的不锈钢网，而另一侧是6毫米厚的固态天然铝板。在ONL的所有设计中，每个面都被认为是正面，也都被这样对待。对于Haarrijn项目，我们也承担结构设计的工作。与凯迪思（Arcadis）[①]合作时，我们建立了一个设计师的几何造型与结构工程师的计算之间的直接联系。综合建筑进化成功的必要条件之一是，在早期设计过程中相关学科之间有一个直接的联系。在Haarrijn项目中，我们创建了Grasshopper文件与结构工程师的SCIA文件的直接联系。Grasshopper输出坐标和以前商定的其他数据到XML.SCIA读取XML文件，改变一些以计算为基础的数据，然后输出新数据到XML，这些数据会再次被Grasshopper读取。这在设计师（几何）和工程师（计算）之间将直接促成一个强大的反馈回路。这个反馈回路会多次迭代，以达到最理想的钢材公斤数、节点数量、基础频率和成本。

1.4　每一个建筑构件都有唯一信息地址

我感兴趣的所有设计软件的本质是将所有结构（建筑、设施和环境）看作由数千个可编程组件组成的动态结构。可编程组件是具有独特身份的个体，它们有一个唯一的地址，这与所有的计算机都被分配了唯一

---

① 总部位于荷兰的一家领先的全球化知识驱动型服务提供商。——译者注

的IP地址是一样的。正是这个独特的IP地址，每台单独的计算机才能像作用物与接收器那样与全球互联网连接。当一个建筑组件有了地址信息，它就可以接收指令，可以接收从数据库中发出或提取的信息。接收、处理、发送数据意味着该组件成了一个作用物，它可以改变配置。这是ONL 1999年开始的Trans-Ports项目的一项发明。这个发明是将建筑物看成可以实时改变形态与内容的工具主体。主体可以被处理，主体的所有组成部分也可以单独处理。建筑构件在构成整个建筑整体时，就像是一个身体里的细胞、一个一起工作的小型信息处理器。比如，一个可编程的建筑组件可以被嵌入一个液压缸形式的传感器，使其成为一个可以调整长度的结构构件。在还处于理论阶段但可实现的Trans-Ports项目中，我们计算出只需要有限的约5×6=30个可编程的驱动器，就能唤起动态体的表现。这种结构的表皮必须是灵活的，具有拉伸和收缩的性能，通过将折叠的皮肤松弛地贴在动态结构上实现这一点。在这个例子中，表皮遵从结构，而其他概念也可以想象成这样。我想提的一点是，从那一刻起，把一个建筑想象成一个充满活力的结构，一个富有新的可能性的想法就可以出现在设计师的想象中，吸引着设计师再次成为先驱。

1.5　对非线性软件的需求

要设计一个复杂的、可编程的建筑，就需要一个参数化的软件。参数化概念本身并不新，它已存在超过30年，起源于造船业。造船业的设计与建造任务通常是大规模、一次性的，仔细研究造船业的成就对于理解未来几十年建筑的发展方向是很有益处的。"定制"将会成为热门词汇，建筑师将会在各种大规模定制、一次性的基础上进行设计，而不是依靠老式的大规模按顺序生产构件的方法。这只有在我们用全面参数化的方法建立模型的时候才能实现。参数化设计从根本上说意味着双向关系的建立，即每个独立的建筑构件之间不允许有任何异常情况。不幸的是，现有的参数化软件有自身的缺陷。假如设计师基于某一模糊假设建立了一个正确的参数模型，然后当任何假设发生变化时，设计师将很有可能不得大幅修改模型。这就是假设在设计概念剧烈演变时经常起到的作用。为了避免这些剧烈的变化，所有的假设必须转化为参数值。从字面上看，似乎每一个软件设计行为一定要被设定为一个固定的参数化程式。

还有另外一个缺陷。现在假设设计师改变为另一种设计规则，即在建模的时候改变规则。这意味着参数化模型将需要重新构造，这是设计演变过程中更为剧烈的变化。为了在设计过程中适应变化的规则，我们需要一种新的软件，一种更有层次、较少线性、更直观、更直接的软件。组件之间需要更灵活的关系，事实上，更像是一个动态群体里的成员。信息架构师亟需非线性的参数化软件，以便能够更直观地工作。

TRANS-PORTS
V3

ONL [Oosterhuis_Lénárd] 2000

1.6　双向关系

　　让我用一个简单的例子说明参数化逻辑的含义：我在桌上放了一杯咖啡。当试着描述杯子和桌子之间、我和杯子之间、杯子和咖啡之间的参数关系时，我们已经非常靠近动态参数化设计的本质。从那里，我们可以向行为设计的本质迈进，从而实现在早期设计阶段如何构思新型建筑的愿景，它可能是什么样子，以及我们稍后将看到的——它可能的行为。正如我之前所指出的那样，我们必须把所有的对象，包括"我"以及独立的建筑组件，看成参数化世界里的作用物，看成积极的参与者。一个作用物是不同于一个客观对象的，因为它有一个行为的内在驱动力。那么，是什么使杯子成为一个杯子并驻留在桌子上？是什么驱使"我"把杯子放在桌上？是什么使桌子支撑着杯子？是什么驱使咖啡留在杯子里？当我们进一步调查材料的特性时，是什么组成部分构成了咖啡，并使其被称为咖啡？咖啡与杯子之间相互接触的表面发生了什么？什么外力把咖啡弄到杯子上？反之亦然。什么外力使杯子装着咖啡？从杯子到桌子、从桌子到杯子的外力又是什么？此外，从我的观点来看，"我"和作为杯子目的地的桌子之间的关系是什么？为了对这本书的主题有一个粗略的理解，我需要强调的是理解相互作用的组件的性质的重要性：我、杯子、咖啡和桌子。参数化关系必须始终被看成双向的，推与拉之间、被推与被拉之间总有一种平衡。现在有一个人、一些液体和一些涉及这个互动场景的对象，不同种类但相互作用的组成部分。所有相互作用的组成部分背后有一个令人印象深刻的历史，使他们成为现在这样。

现在把"我"替换为"设计师"，把"杯子"替换为"垂直分量"（被称为墙的组件），把"桌子"替换为"水平拉伸的组件"（被称为地板的组件），这样我们就又讨论到建筑了。要明白这本书的目的，首先，我们需要聚焦于组成部分的几何形态，审视双方的平面几何关系；其次，要关注在一系列设计游戏中的行为、插入的几何形状和所有元素的实时演变。

1.7   感受力量

参数化的关系必须被理解为信息的交换。我把杯子放在桌子上，设计师让组件1的底面与组件2的顶面连接。为了能给参数化结构设计出软件，做一个完整的功能描述，即脚本，也可以是场景，使所有命令被设定为让组件1与组件2产生联系，这是至关重要的。这两个组件需要共享一个参考点，分别指定每个组件。参考点是点云中的活跃元素，一旦参考点被恰当地定义了，一个点可以联系两个点，则两个组件便可在商定的坐标系统里共享参考点的坐标。两个组件一旦联系了，可以计算它们的共享区域，如果组件的底部是平的，共享区域将是共享的垂直部分的完整表面积。该区域将用于结构计算，荷载从竖向组件转移到了横向组件。我的本意不是技术性地描述在参数化软件运行中用什么算法执行这些基本的运算，我的本意是要在设计过程中，感受组件之间的力场，感受力。用移情与同情的方式感受力是将参数化设计的基本技术提升到行为设计水平的先决条件。任何事物都需要内在的力量。从点到点、面到面的信息交换需要看成流媒体信息，而不仅仅是流的一个例子。用流媒体信息工作对行为设计师有情感上的影响，我会在稍后的"二维世界与三维世界"章节中描述其中涉及的情感。

两个组件通过两个方向上的信息流不断地互相通知他们各自的情况，例如，当垂直组件1由于风条件的变化具有不同的荷载时，它需要实时以动态数据流的方式传输到横向拉伸组件2。把这个概念应用到1英里（约1.6公里）高的建筑中，这样高的建筑将左右摇摆数米，使顶层的使用者感觉恶心。现在假设我们设计了承重钢结构的一系列执行器来积极抵抗风的力量，就能减少风的影响。这样这个1英里高的建筑将完全直立，顶部没有任何摆动。它会像人一样站在风中，在风中平衡，用强劲的肌肉与风对抗。而这样的结构需要以毫秒为单位发送更新信息来跟踪变化，使执行元件能作出反应并相应地重新配置。

006 CET项目的BIM

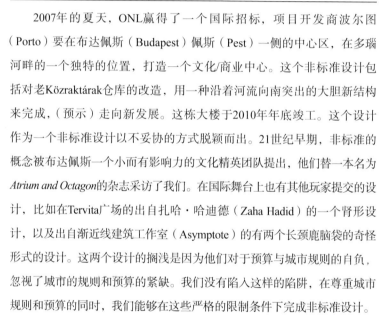

REVIT打开窗口的CET渲染图

autodesk.com

2007年的夏天，ONL赢得了一个国际招标，项目开发商波尔图（Porto）要在布达佩斯（Budapest）佩斯（Pest）一侧的中心区，在多瑙河畔的一个独特的位置，打造一个文化/商业中心。这个非标准设计包括对老Közraktárak仓库的改造，用一种沿着河流向南突出的大胆新结构来完成，（预示）走向新发展。这栋大楼于2010年年底竣工。这个设计作为一个非标准设计以不妥协的方式脱颖而出。21世纪早期，非标准的概念被布达佩斯一个小而有影响力的文化精英团队提出，他们替一本名为*Atrium and Octagon*的杂志采访了我们。在国际舞台上也有其他玩家提交的设计，比如在Tervita广场的出自扎哈·哈迪德（Zaha Hadid）的一个肾形设计，以及出自渐近线建筑工作室（Asymptote）的有两个长颈鹿脑袋的奇怪形式的设计。这两个设计的搁浅是因为他们对于预算与城市规则的自负，忽视了城市的规则和预算的紧缺。我们没有陷入这样的陷阱，在尊重城市规则和预算的同时，我们能够在这些严格的限制条件下完成非标准设计。

我们成功模式的优势之一就是在Revit里建立BIM，使我们可以实时工作，与布达佩斯和鹿特丹办公室的工作团队联系。最终我们获得了2008年秋季的Autodesk Revit经验奖，主要是因为我们能够将复杂的三角几何导入原本略显呆板的参数化软件中，并使用线框网格建立钢结构模型。在布达佩斯的一个人负责控制所有的混凝土构件，另外一个人负责旧仓库，第三个人负责所有的设施，而非标准几何形体则是在鹿特丹进行控制。所有的团队将日常更新的工作传入工作组里（即时更新在原理上是可行的，但会花太多的传输时间，因此会减缓工作进度）。Autodesk对于这个成果很满意，这让他们决定在Revit 2010版的打开窗口和Revit 2010版的CD盒封面上展示CET的渲染图。

007 纳赛尔总部大楼BIM

2006年，ONL设计了位于阿布扎比（Abu Dhabi）的纳赛尔总部大楼（AL NASSER HEADQUARTERS TOWER），因此赢得了一个国际邀请设计竞赛。客户是阿尔·纳赛尔（Al Nasser）先生，他拥有一家钢铁公司。尽管这是到目前为止最具挑战性的参赛作品，他还是选择了我们的设计，因为他喜欢内部裸露的非标准钢结构，以及金属双色饰面的外立面面板。直到后来，以中东的诺斯克罗夫特（Northcroft）作为代表的客户，意识到所有钢构件和所有玻璃在形状与尺寸上都是不同的。阿尔·纳赛尔和诺斯克罗夫特既兴奋又怀疑这个项目在严格的商业预算下是否可行。由于我们对从Revit BIM模型中提取的数据的完全控制，我们能够说服他们相信这的确是可行的。我们的BIM模型已被用于多种用途。首先，ONL只投了一个人，基杰斯·朱森（Gijs Joosen），同时担任项目建筑师和BIM建模员，所以在转译过程中没有丢失信息。BIM模型允许我们调整形状的曲率，直到达到最大总建筑面积（GFA），同时保持所有组成部分的独特性以及每层楼特定的面积。曲率的变化会影响每一层的面积，从而影响允许的总建筑面积。此外，它允许我们与当地建筑师ACG进行高精度的交流，ACG负责获得建筑许可证和钢结构的计算。纳塞尔总部大楼于2011年竣工。

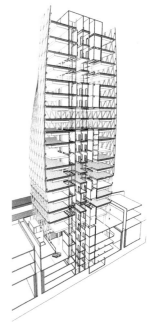

纳赛尔总部大楼的BIM

ONL [Oosterhuis_Lénárd] 2008

1.8 从原BIM到量子BIM

BIM可以三维地定义线、面、体。组件都会标注有属性和性能描述的信息。实际上所有有几何结构的东西在BIM里都是被组织好的。一个理想的BIM是一个参数化的模型，即每个组件与相邻组件及其族成员之间都有一个严格定义的关系。改变一个组件意味着改变所有相关组件之间的局部与全局关系。添加一个组件意味着创建新的关系。由于关系始终是双向的，所以两个组件都受到这一关系的影响。简而言之就是墙立在地板上，而地板支撑着墙。由于所有关系都是受限制的，以及下文将要指出的——在许多BIM程序中存在不必要的歧视性限制，所以并不是所有的关系都是有可能的。主要原因在于BIM支持程序不是由设计师编写的，而是由技术人员编写的，他们只知道传统建筑实践中约定俗成的规范。问题在于标准数字图书馆协议的存在。然而，一旦一个物体被贴上墙体的标签，它就永远不可能成为一扇门。一旦你选择一个族作为楼板，它的成员就永远不会成为墙体。一旦一种建筑组件被定义为建筑目录中不同的物种，它们就只能允许与其他物种保持有限数量的关系。这与自然界中不同物种的定义一样，一旦成为驴子，就不可能是一匹马，它们不可能再杂交。但是，当看到ONL的非标准建筑实践的图片时，很明显，这些传统分类就显得过时了。一个门成了均匀结构壳系统的一种规范，门不是从门的目录中选择的，是结构系统本身进一步的局部规范。根据这种方法，设计人员将在特定的项目中创建一种特定的单元系统，在这个系统里，原始细胞的规范意味着特定的任务，每个设计师将在特定项目中创建一个特定的细胞系统，每个细胞都有特定的任务，比如成为一个门铰链。这种关系的通路是双向的，未被指定移动的部分会经常返回到细胞状态。

HRG软件中点云的群体行为方式

ONL [Oosterhuis_Lénárd] /

超体研究组 2005

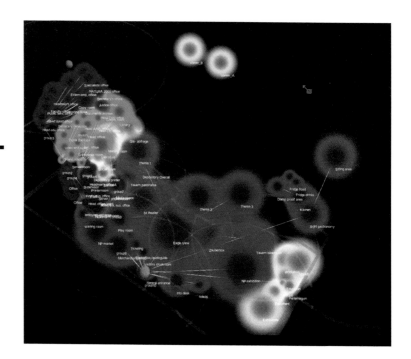

　　为了寻找解决上述规范困境的关键，超体研究组开发了一个基于群体行为动态原则的程序。超体研究组软件设置了空间中点的行为方式，这样这些点就被赋予了属性，比如强度、特征区域、体积、颜色、形状等。积极的力量意味着吸引与他们有联系的点，消极的力量意味着排斥与他们有联系的点。群集点通常用轮廓模糊的点表示，以避免在前

期设计阶段被一种特定的审美偏好束缚。非标准信息架构师知道柏拉图几何学不能成为他们设计的出发点。他们必须深入设计材料的内在特性中。在数字化的失重空间里，知情点云中点之间的关系为早期设计概念赋予结构。为了避免地平面的主导地位，在后期引入了重力的概念。

　　超体研究组与ONL合作为早期设计阶段开发了特殊软件。众所周知，最早的概念设计是任何项目的主要驱动力。最初的设计决策比所有后续设计决策影响更大。ONL/超体研究组在开发过程中将软件称为"原BIM"，它支持从基于集群行为的点云的书面概念陈述到包含建筑审批和投标过程需要的所有信息的BIM开发。原BIM以最简单、最有效的方式在前期设计阶段连接了所有相关学科。唯一的数据交换都是严格必要的。结构工程师不需要从概念设计师那里得到完整的3D模型，他们只需要一个简单的线框，再应用有限元方法导入自己的专业计算软件中。原BIM还不支持信息流，但这将是下一代超体软件的主要功能，我称之为"量子BIM"，在原BIM基础上基于群体行为的相同原理添加支持数据流的数据交换功能。原BIM通过数据库与其他程序交流，但只有在量子BIM中，数据库中的细胞才能不断以数据流的方式更新，输入执行建筑构件中。量子BIM正在为从静态到动态模拟的范式转变做准备，这将促进开发真正的动态结构、实时处理和实时主动代理。原BIM支持真正的非标准建筑，而量子BIM促进开发真正的动态结构。

1.9　一个建筑，一个细节

　　一个建筑，一个细节。我在之前的论文（2004年在麻省理工学院会议上做的非标准实践的论文）中介绍过这个具有挑战性的表述。我毫无保留地宣布："密斯实在是太多了！"通过激化密斯·凡·德·罗的极简主义倾向，我观察到密斯仍然需要许多不同的细节来证明自己的观点——"少即是多"，他的少仍然太多了。他的少是一种强加在视觉外观上的少，但在细节的数量上仍然是多的。

　　更好的方法是将一个单一的参数细节映射到所有表面，受一系列参数的影响，使参数系统的值在每个本地实例中都是独一无二的，从而创建视觉的丰富性和多样性，这几乎是任何传统建筑技术所无法比拟的。基于真正的少，才是真正的多。请注重它的双重意义。我非常尊重密斯·凡·德·罗，他作品的独特性使得基于原作品的抄袭和改动无法成立。所以，在雷姆·库哈斯（Rem Koolhaas）职业生涯的早期，他是故意违反规则，把巴塞罗那馆（Barcelona Pavilion）设计成弯曲的，以获得与密斯背道而行的一个好方法。主要建筑细节的参数化意味着一种极端的统一，它需要一种不妥协的系统方法，从而允许在同一时间里有着丰富的视觉多样性。由此，取得极度简洁与极度丰富的统一。

通过引入对立的两极来诱导张力的策略，将在本书的第二部分"塑造形体"中进一步讨论，也适用于对生成细节的设计态度。我不仅在曼哈尔绿洲（Manhal Oasis）总体规划、盐水亭空间体验中心（Saltwater Pavihon Space Xperience Center）建筑单体平面图中介绍了对立的两极策略，而且在基本建筑细部的通用结构中也介绍了它。参数化详细信息只需在检索每个独立节点的本地数据时执行一个简单的规则即可生成。因此，本质上，简单性依赖于多重性。它的智能被嵌入节点的群行为里，这个节点是承载信息点云的可编程点。我把上述"一个建筑，一个细节"的设计策略应用于北荷兰Web馆中，整个结构包含一个单一但详尽的细节。包括两扇巨大的门在内的所有细节都是一个大族的成员，由一个单一的脚本（Autolisp 程序）描述，这个脚本将映射在点云中的点分布于有情绪化的体块的双曲面上。

1.10　就在那里，就在那时，就是那样

我拒绝使用标准目录里的柱、梁、门和窗。我不从建筑目录里做出优雅的选择，不成为一个有修养的精英行家，而是支持设计和开发与具体项目相关的建筑组件。所以，对于每一个新的建筑，都会有一套新的一致的连锁组件。北荷兰Web馆的巨门给了这个概念最好的解释。这个巨门是建筑整体的一部分，是只存在于北荷兰Web馆的一个门；它不能应用于其他设计中。它属于那里，不适合用于其他任何地方，并形成了该设计的内在部分。就在那里，就在那时，就是那样。一个标准目录里的门，并不会成为最终整体里的一部分，这是大规模定制逻辑的结论。

在这个背景下，我必须严肃批评弗兰克·盖里（Frank Owen Gehry）的建筑。从远处看，人们会忍不住想把它们看成雕塑建筑，但近距离观察他们却一点都不像雕塑，因为盖里的所有设计都是基于传统的空间规划，就像用分解排列松散碎片的方式将盒子状的空间打包摆放在上层水平空间里。门、窗户、入口都是传统的，100%基于大规模生产的技术与美学，没有什么是非标准的。许多自20世纪80年代开始的解构主义建筑协会成员设计的建筑也是一样，比如伯纳德·屈米（Bernard Tschumi）、蓝天组（COOP HIMMELB（L）AU）和大都会建筑事务所（OMA），他们都被困于解构的语言中，一直不愿意放松对传统建筑产业的限制，因为大多数的建筑组件依赖于时尚目录里的产品，他们仍然认为大规模生产是美丽的。即使他们设计的外观运用了非标准的隐喻，建筑内部仍然充满了柱网、梁、门、墙体和窗户，都是直接从目录里选择。他们把结构复杂（complicated）与综合设计（complex）搞混淆了。解构设计确实是结构复杂的，它们需要一堆不同的细节，而非标准建筑是综合设计的；它们基于一个或少数不同的细节，基于一个参数族的所有成员。解构现代主义建筑的逻辑通常是浪费资源，而非标准建筑的逻辑则是以更有效的方式利用资源。解构现代

主义风格依赖于大规模生产，非标准建筑依赖于工业定制。非标准的本质是，在设计阶段，每个建筑构件都被精确定义，然后通过计算机数控方式生产。每一个建筑构件都具有独一无二的编号，编号可以被设计和工程的脚本处理，因此，原则上，他们的形状和尺寸是独一无二的。

1.11　鸡与鸡蛋

先有鸡还是先有蛋？我的答案很简单，鸡和蛋是同一系统里的两个案例，这意味着在鸡—蛋系统发展的每个阶段都有鸡和蛋。当然，鸡和蛋在它们的早期发展阶段都不叫这个名字，因为它们在最早的自适应鸡—蛋系统版本里没有被特别指定。鸡更像是蠕虫，很难与他们的卵区分开。我认为在鸡—蛋形态形成过程之前，自我复制与生育是等效事件。非标准设计和计算机数控生产之间也和"先有鸡还是先有蛋"这个问题一样有着因果关系的困境，非标准设计就像是鸡，计算机数控生产就像是蛋。当非标准设计完全由逻辑一致的参数化系统控制时，这个系统描述中有每一个独特组件的精确位置、尺寸和几何形态，这个在生物术语上称为"产物"的执行过程，必须遵循相同的逻辑。精确的参数影响着设计模型，通过自动化的程序（Autolisp程序、脚本）从3D BIM里提取的精确数值必须用来指导生产过程。这不是一个粗略的转变，也不是重塑，它总是会重新诠释，而且绝对不可能有任何人为干预数据的性质，因为这必然会造成许多不一致和不准确。在转变过程中没有什么会丢失。鸡只能生它自己的蛋，鸡蛋不能被另一方应用另一种系统逻辑生产与组装出来。在ONL的设计与建造实践中，我们发现偶尔发生的错误总是由于在文件到工厂过程中存在不稳定的人为干预。人为干预必定会模糊一致性，人类测量或计算中的不严谨的准确性与情感逻辑，与机器的逻辑是不相匹配的。

但不要担心，我不想排除人的参与过程。人类在建立概念、从众多可能性中进行直观选择、宣告什么是美丽的、与其他人沟通设计和建造过程等方面都扮演着至关重要的角色。但是请注意，人类不擅长计数，不擅长复杂的计算，不擅长始终如一地应用程序，不擅长熬夜工作。人类喜欢在执行过程中重新思考一个程序，在运行时重新思考一个过程，在游戏过程中通常会改变规则。同时，大脑计算速度很慢，比计算器、计算机慢太多了。为了跟上当前社会的复杂性，信息架构师必须不断开发机器拓展，比如外脑（exo-brains）、外记忆体（exo-memories）、外接手（exo-hands）、外接手臂（exo-arms）和外身体（exo-bodies），设计与进行非标准设计。这就是为什么非标准设计模式和文件到工厂的生产模式是同一个硬币的两面。没有数控生产就不存在真正的非标准设计，没有蛋就没有鸡，没有鸡就没有蛋。

法兰克福宫殿区

马希米亚诺·福克萨斯/

卡斯·奥斯特豪斯摄

008 法兰克福宫殿区

　　一个屋顶，一个细节。但是仔细看，细部是焊接的，精度很低。M. 富克萨斯（Massimiliano Fuksas）的非标准概念设计，虽然有线框，但不是通过受控制的数控生产过程实现的良好的3D拼图。这些钢构件是在3D里被手动绘制的，而不是由脚本生成的。许多钢构件在工地上被切割成一定长度，然后焊接在一起。我出于教学的考虑展示这个例子，不是责怪这个项目中的任何人，不是建筑师，不是工程师，也不是制造商。但很明显，有些事出问题了，文件与工厂之间的联系明显被打破了。这里本该有一个高精度脚本与高精度数控生产组件的直接连接，以零误差和绝对不焊接的方式在工地组装，而且绝对不是现场焊接的，因为这会带来传统方式的不精确性。我在布达佩斯建造CET的时候经历了一个类似的问题。

　　让我试着说明这个问题，并提出解决办法。只有正确地表述问题，才能有正确的解决方案。问题是如何确保一个可持续的非标准设计和建设过程。解决方案是确保从建筑信息模型到数控生产的一个完整连接，完成唯一的3D拼图组合。打破这个直接的连接，即在设计和建造过程中不能将精确的数据从一个阶段传输到下一个阶段，是失败的原因之一。

麻省理工学院斯塔特中心

弗兰克·盖里/卡斯·奥斯特豪斯摄

009 斯塔特中心入口

　　当你慢慢走近一个盖里的建筑时，从毕尔巴鄂（Bilbao）的古根海姆博物馆（Guggenheim Museum）到波士顿（Boston）斯塔特（Stata）中心的任何一个盖里的建筑，这些建筑呈现出越来越多的传统性。当你真正进入建筑时，里面并没有什么特别的。你穿过一个规则的建筑物正面，穿过一个规则的门，空间由规则的轮廓组成，以解构主义的方式对形状的不同角度粗暴地进行切割。像往常一样，它的解构没有什么非标准。我们因为盖里技术公司（Gehry Technologies）出色的数字工程软件而喜欢它，但该公司的吉姆·格莱姆（Jim Glymph）告诉我，早在1998年，当看到我们的一些先进成果，比如内尔蒂扬斯的盐水亭的设计与实施，他被吓坏了。数字工程的创建是为了重建盖里的皱巴巴且扭曲的银纸模型，使之变成可控的、可建造的东西。但是，当设计概念的出发点仍然植根于旧的概念，完成的建筑将传达过时的概念，而不是新技术。在设计概念与执行之间总会有不方便的冲突。这样的建筑是可以建成的，但缺乏一致性，它需要花费大量的成本。因此，这是对工作过程连续的非标准设计师的一种威胁，他们努力实现从早期设计阶段使用参数化建模的生成性设计概念到正确的数控制造之间的不间断联系。

1.12　非标准建筑的新法则

　　每次传统直接介入非标准，从设计到数控生产都会违背非标准设计的本质。这样妥协的例子可以从2008年奥运会的水立方和鸟巢中看到。我自己的实践也经历了类似的命运，这段经历来自布达佩斯CET项目的项目开发人员的传统态度。在所有这些例子中，主承包商选择焊接钢结构，破坏了结构的准确性，打破了从复杂的几何形状到一个有利且一致的文件到工厂生产表皮的逻辑链，一旦妥协，一旦链条断了，所有后续步骤都不能再重新联系到大规模定制的数控逻辑，整个过程就破灭了，鸡蛋不会生成其他生命形式，脐带过早地被切断了。毋庸置疑，每个例子中逻辑链的断裂是对非标准建筑实践的主要威胁，而客户可能只看到模糊的结果，并将不精确、妥协的细节归咎于非标准设计本身的性质上。但话说回来，承包人与项目开发商依靠经验是否应该被指责？因为这些经验大多基于传统的砖与砂浆建筑。对他们来说，非标准的逻辑可能是不合乎逻辑的；他们大概不熟悉文件到工厂流程的优势，因为没有应用它。这对他们来说是未知的领域。

　　基于这种现实，非标准设计师不仅需要重新思考作为顾问的合同地位，而且也需要承担生产过程的财务责任。当像我这样的非标准设计师对数据的正确性和精确性有着充分的控制与充分的信心时，他们必须承担工程的几何形态的责任，很自然的，他们必须根据这个责任被按比例支付报酬。非标准建筑师是少数几个充分了解数控生产程序如何嵌入以及成为设计逻辑的一部分的人，他们应该为承担起从设计到施工管理的责任而获得报酬。这对建筑行业带来的好处是巨大的：在数据的准确性与数据转换上不再有错误，对于概念的交流与理解不再有拖延，不再需要重塑，产品将会是完整而精确的，装配将总是正确的，所有的步骤在设计与建造过程中都是及时的，也都只是必要的；建筑工地将会保持整洁，不再有时间与材料的浪费，因为所有用过的材料都将被回收。

　　不过，有一个重要的条件。所有产品都必须是计算机数控的，所有组件都必须是预制的，包括混凝土结构，包括基础。如果做到了这一切，那我可以肯定我能执行得比原先好一倍，换句话说，效率100%提高了，避免了官僚程序，避免了大量的建造错误，避免了废弃物的产生，并在这一过程中保证工地非常干净。如何做到可持续？显然，在整个过程中控制效率的非标准建筑师必须是第一个从专业知识中获利的人。实现建筑师新角色的适当方式是让建筑师在建造过程中有经济利益。目前，建筑师把财务责任丢给项目开发商和承包商，所以建筑师只是作为顾问，只承担不超过他们设计费的责任。我提倡建筑师应该有新的职业角色，成为承包商，接管他们承包数控生产所有组件的责任。如果建筑师没有勇气宣称自己作为尽责的设计师—工程师—建设者该有的领导作用，他们就是不称职的懦夫。

1.13　即刻的设计与工程

　　艺术家与建筑师要从头开始合作、寻找共同点并尊重彼此的专业知识，这同样适用于许多其他学科。我特别热衷的建立直接实时连接的学科之一是结构工程学科，因为在我看来，结构工程师也是设计师。结构工程师在与建筑设计师对接前，应该有关于结构的意见。然而，重新思考设计的所有方面和重新规划所有具体设计任务是必要的。所有设计师，包括概念设计师、形式设计师、交互设计师、结构设计师、气象设计师、开发设计师、用户设计师、客户设计师，在他们自身能力内都有自己的权利，基本上都是在其特定的设计领域里的设计书呆子。所有利益相关方应与对方建立一对一的双向关系，尊重彼此的专业知识。

　　这并不意味着在设计会议上所有人应该坐在一起。相反，我提倡一对一、点对点的设计对话。这不是因为我认为设计会议是乏味的集体努力，而是因为每个人的设计工作是基于他们自己的具体专业知识，并直接与他人的设计领域双向连接，所有玩家在设计游戏中都在尽可能地展现他们最好的专业知识。我把设计过程的理想演变看成一系列一对一的速配，不论是实质性的还是在网络上的，所有其他相关者在一个并行版本系统（CVS）里都能记录与获得工作进展。CVS是软件开发者用于多层开放源代码开发的网络通信工具。我的超体团队开发了一种用于形式设计师与结构设计师之间即时交换专业意见的工具，叫作XiGraph（http://sourceforge.net/projects/xigraph/）。在应用程序编程界面里，形式上的变化会被结构设计师的软件实时重新计算，然后结构设计师的专业数据又会重新反馈到形式中去。这样，一个活跃的交流对话就产生并发展了。结构设计不仅是对给定形式的优化，因为从结构设计的逻辑看，结构设计师可能会对形式设计师提出的形式产生影响。形式设计师不会局限于简单的形状；他们将会成为专业的造型设计师，例如，让尖锐的褶皱淡出平滑的曲面，努力得到一条连续的线条，将不同组件整合到一个更大的整体里。然后，他们会把修改与改进立即通过数据链接发回给结构设计师，结构设计师会重新计算这个新形式，因此，基于精确的计算可以立即让人看到对直觉造型的影响。所有类型的设计师会试图最大化自己的专业范围，一直探寻重叠的区域，在这个区域里他们可以尽力发挥自己的能力，我们允许重叠区域越来越大，直到达到一个学科融合的临界时刻。

伊洛娜·勒纳——我生活与事业上的搭档——作为一个训练有素的演员和视觉艺术家，和我一起经历了那个进化的过程。在20世纪80年代末和90年代初，我们致力于融合艺术和建筑，直到产生令我们都满意的成果，并为在1994年推出雕塑城市范式"建筑即雕塑，雕塑即建筑"（The Building Is a Sculpture, the Sculpture Is a Building）做好准备。现在，将设计与工程在美学和技术方面融合在一起的时候到了。

1.14　即刻的设计与建造

工程有一部分是顾问的工作，有一部分是制造的工作。ONL参加了一个设计与建造联盟，联盟有着明确的目标，要在声屏障内的驾驶舱项目中将钢与玻璃制造商的知识整合到早期设计阶段。整合工业大规模定制生产过程的知识意味着知道机器是如何工作的，知道他们可以做什么。大规模定制并不是关于市场上已有的终端产品，比如梁、柱、标准结构体系、穹顶结构等这类产品。大规模定制是根据文件到工厂过程通知一台特定的机器生产独特的产品。ONL设计的机器用"低能特才"[①]的方式与计算机连接，计算机数控机器读取数据集。ONL设计工程师提供的整数数据不需要任何修改或重写，被直接用于数控生产。这意味着效率的巨大提高，并完全排除建造的错误。这种文件到工厂的脚本要么是完全错误的，"它不起作用"；要么是完全正确的，"它起作用了"，而且可以被验证。这是最接近科学的设计。当它正常工作时，所有数据都被

---

① "低能特才"（idiot savant）一词的定义是指智力迟钝，但有能力完成复杂任务，如演奏乐器、回忆日期或进行数学计算的人。

定义成整数，不需要由工程顾问重建。这样设计师与制造商之间的直接联系就建立起来了。

　　这并不意味着在这个过程中不再需要结构设计师作为一个特殊的顾问。与上述方式类似，在概念设计师与结构设计师之间、在结构设计师与文件到工厂设计师之间将要建立一个直接联系，最终目标是建立实时联系。总是一对一的、点对点的（P2P）。在声屏障内的驾驶舱项目案例中，ONL在形式设计师与结构设计师之间，在形式设计师与文件到工厂设计师之间都建立了点对点的联系。设计与工程实时协作的范式转变是这样的：每个参与者必须与其他参与者通过整数数据的双方交换联系在一起，最好是实时的。

三维编织生长纪念碑

伊洛娜·勒纳 2005

1.15　结构与装饰物

　　21世纪初，编织在建筑氛围中散发着迷人的魅力。它就像文化基因一样从先进的个人实践中传播开来，影响了国际范围内的学生，进而影响了大量的建筑实践。早在十年前，早期的采用者开发了应用三维编织的设计方案。2005年，伊洛娜·勒纳在她的蒂尔堡市（Tilburg）纺织生长纪念碑设计中提出了三维编织的激进版本。现在我们从很多学生项目中看到了编织的魅力，从建筑联盟学院（伦敦）到代尔夫特理工大学的超体研究组。从表面上看，编织建筑只是时尚，但不止如此，它更深层次的含义更多的是激进，而不是时尚。三维编织被呼吁成为国际设计实践的新方法，其设计理念与结构和装饰深深交织在一起。艺术家与建

驾驶舱

ONL［Oosterhuis_Lénárd］2005/弗兰
克·霍克斯特拉（Frank Hoekstra）摄

52°06'46"N
5°02'39"E

筑师方法的融合顺理成章地导致了学科交叉和影响。如果在ONL声屏障内的驾驶舱项目中，建筑与结构可以成功融合，那么那些细节的规格必然变得与装饰品等同。这不是指将过时的装饰添加到一个裸露的结构上，不是空白的墙体等待着被装饰，也不是那种阿道夫·路斯（Adolf Loos）[①]反对的装饰。当今非标准实践的装饰是设计概念驱动力的进一步逻辑说明。我这里提到的装饰指的是建筑主体各个方面结构细节的细化。

　　当看到我和我的ONL团队一起设计的在阿布扎比的纳赛尔总部的正立面时，发现窗户有不同的形式，然而功能与结构完整，并传达着装饰的理念。所有的1000个窗户都是不同的，直接来源于非标准设计的曲面镶嵌的逻辑。它看起来是装饰性的，但也是对所选设计方法的一个基于大规模定制的制造过程的纯粹逻辑规范。各种各样大小的窗口就像一棵树上多种多样的叶子，得到更多光照的叶子会越长越大，风中或者阴影里的树叶生存条件较差，因此仍然较小。首先，这种多样性使得建筑具有高观赏性。然后，如果我们把目光转向窗户，我们会看到更多细部特征，一次又一次，基于更小的组件的独特性，由于生动的变化而令人愉悦。建筑设计丰富的规范与变化承担着装饰的视觉吸引力的作用，因此，形式和结构包括装饰。

列日TGV车站

圣地亚哥·卡拉特拉瓦/

卡斯·奥斯特豪斯摄

---

① 阿道夫·路斯，奥地利建筑师与建筑理论家，提出著名的"装饰即罪恶"口号。——译者注

010　圣地亚哥·卡拉特拉瓦的列日TGV车站

　　2010年春季的一天，我们去看了位于列日（Liège）的圣地亚哥·卡拉特拉瓦（Santiago Calatrava）设计的TGV火车站，以及位于梅茨（Metz）的坂茂（Shigeru Ban）设计的蓬皮杜艺术中心（Center Pompidou）分馆。虽然第一眼看起来，每一处都应用了相同的技术，但这两个建筑物之间的对比不能更戏剧化了。这两栋建筑都花了一大笔钱，但真的值得吗？我听到一位比利时建筑师说卡拉特拉瓦是一个银行抢劫犯，这个TGV车站原来是一个这么昂贵的建筑。我去过那里，知道它一定是昂贵的。但它是值得的，因为它所有的毛孔里都传达着清晰与一致性。我相信这个新建筑会有很长的寿命，它将会受到尊重，被当作一个鼓舞人心的建筑插入列日腐朽的城市结构中。毫无疑问，从长远来看，列日将会从中受益。该结构是一个设计与结构、视觉亮度与结构性能整合得很好的例子。当一个人愉快地漫步其中，他毫无疑问地会看见基于功能的逻辑——该结构具有大尺度的自由跨度屋顶和有着精致尺度与细节特征的商店与咖啡厅，公众可以真实地感受到建筑结构与材料。置身其中让人感觉正处于一部逐渐展开的电影里，仿佛自己是一个活跃的参与者，还有火车的移动、汽车进出停车场，这是一种动态的结构。人与建筑的特征线以一种令人信服的方式合并了。一种你不由自主地从身体上感受到的与动态交织在一起的实时运动。

**蓬皮杜艺术中心
梅茨**

坂茂/卡斯·奥斯特豪斯摄

011 位于梅茨的坂茂设计的蓬皮杜艺术中心

我们从列日去梅茨看由坂茂设计的新的蓬皮杜中心。坂茂的设计在一个国际竞赛中被选中了，最有可能是因为评审团对屋顶结构比较赞同。与卡拉特拉瓦设计的TGV车站的屋顶不同的是，这个屋顶与地面层的结构没有空间或结构连接。鉴于卡拉特拉瓦的设计是屋顶与供人们使用的下层空间的支撑结构之间有空间和结构上的连续性，坂茂选择了在木筐屋顶与地面旋转堆叠的矩形盒子之间加入一种极端的非连续性。地面层的结构与屋顶之间的冲突让我不忍直视，这里根本就有一种冲突。进一步审视蓬皮杜中心的附属建筑，我们在没有联系的结构内部同样遇到了数十个没有解决的冲突。屋顶第一眼看似乎可以用生成组件生成，但现实中，它是一个非参数重复系统在双曲面上的投影。因此，它代表了传统的大规模生产与现代非标准算法之间的真正冲突。坂茂的建筑缺乏整体性，这使得卡拉特拉瓦的建筑成为带有一致性的杰作。这就是为什么TGV车站是一个真正的建筑，而蓬皮杜中心附属建筑只是一个屋顶。评审团没有做出正确的选择，他们的视野可能被可持续发展的错觉模糊了。

1.16   二维世界与三维世界

从二维世界［1884年埃德温·A. 艾勃特（Edwin A. Abbott）在《二维世界》（Flatland）中提到］到三维世界是一个维度到另一个维度的巨大飞跃。平面物体无法感知到空间物体，他们对空间概念一无所知。他们可能会看到空间物体的阴影，但不知道这些阴影来自何处。他们可能会认为阴影来自一些超平面的地方，或者可能会构建出更高存在的幻想。当然，这就是宗教的运作方式，而且我们知道仅仅相信由平面知识构建的神话体系是会孕育出误会甚至战争的。另一方面，空间物体可以完全没问题地观察平面物体，平面物体可以看到线条物体，线条物体可以很容易地把点状物体内在化。空间物体看到平面物体在平面里彼此缓慢移动，但永远不会在另一个的上方或下方。他们眼中的平面物体就像高速路上的汽车、纸上的笔，像桌面上的电脑鼠标、平面图与剖面图。平面物体与空间物体的类比完全适用于建筑世界里简单的平面图和剖面图向复合几何的跳跃。任何一个从画平面图或剖面图开始设计一个空间的建筑师，注定在空间物体上是盲目的。那些设计师就像平面物体一样思考与行动，好像生活在二维世界里，但实际上，他们生活在三维世界里。想设计一个空间，却用平面图与剖面图代替，等同于在故意制造虚假信息，这样的行为在任何时候都必须避免。

不幸的是，大多数软件都是为了方便设计师从平面图开始设计，然后再沿垂直轴挤压表面。作为一个设计过程，这实在是太差了，任何一个建筑师都应该避免这种致命的陷阱，并用一种更有想象力的方式运用软件。如果你别无选择，必须使用这个简陋的计算机辅助设计软件（CAD），那么至少从模拟可调整的、局部或整体放大与缩小的体量、参数块开始。

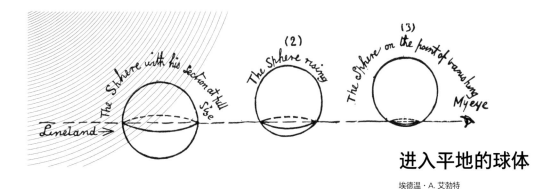

进入平地的球体

埃德温·A.艾勃特

从建一个灵活的球体模型开始作为项目的第一个设计单元。计算出这个球有多少立方米的体积，并使其受到环境的外力与内部的驱动力。这样一个灵活的球体可以代表原始细胞，也就是承载信息的母细胞，它可以分为专门的细胞（房间、空间、膜、环境），最终达到最高水平的细节，如皮肤上的毛发、钢结构上的螺栓。或者，从漂浮于无尽空间中的参考点的点云开始，并建立你自己宇宙的点。建立这些点之间的行为关系，如鸟群里的鸟。但永远不要从平面或剖面开始。

1.17　包含与不包含

　　设计过程从平面与剖面开始是一种排他（exclusive）的方法，这就是它如此糟糕的原因。它排除了成千上万种可能性，所以设计师将永远不可能考虑这些可能性。以平面为基础的设计师将永远不会触及丰富世界的复杂性。非标准建筑的潜力将永远是未知的、遥不可及的、看不见的。当这些不幸从平面与剖面开始设计的设计师们看到他们自己平面世界的影子时，他们会感到不安，进而开始表现出防御状态。起初他们会试图否认影子的存在，之后会宣称那是对他们自己的小世界的一个威胁。这就是传统的砖与砂浆建筑师对非标准建筑的表现。他们看到了综合性的影子，但是又不知道来自哪里，意味着什么。因此，他们首先否定它们的存在，他们抗拒看到它们，最后变成敌对非标准建筑。在恐惧的毒害下，他们除了在知之甚少的平面世界里建立一面墙，保护自己免受大概是危险物种的外星人的威胁之外，什么都做不了。这使我想起1958年的电影《变形怪体》（The Blob），影片里塑造了一个外星人，是一种柔软又致命的有毒有机物，被当作人类最大的威胁，只能通过冰冻被击败。但我知道，我的许多同龄人也有同样的感觉，这个外星人是友好而包容的，应该受到热烈欢迎。平面物体只需要通过获得新的必备技能便可成为空间物体，相当于学习一种新的语言，或者得到一双新眼睛，以提供一种增强现实，用信息维度增强他们的平面世界。然后，他们会意识到平面与剖面在由非标准数学描述的复杂体积形式的更高现实里只是纸张那样厚度的例子而已。平面物体不用担心失去他们旧的栖息地，因为他们的平面与剖面同样可以用新的空间语言被恰当地描述出来。他们可以随时组织令人怀念的平面会议和回想逝去的时光。

向非标准3D的范式转变是具有包容性的，因为非标准3D包括所有可能的平面、剖面以及体量，包括原始柏拉图多面体。只有一个非常具体的参数集会导致从综合体（三维）返回到平面，其他所有参数将会产生视觉上具有综合性与动态的形状。这并不意味着所有可能的形式都是同样好或者令人兴奋的。这需要一种全新的专业态度学习如何在非标准几何的深层空间中徜徉。在流线型的土豆与时尚的、有情感的建筑体之间看出差异需要几年的时间。流线型土豆的一个例子就是蓬皮杜中心餐厅的室内设计，由雅各布·麦克法兰（Jacob MacFarlane）设计，一个典型的初学者探索非标准范式的设计练习。

ONL在10年前为非标准设计设定了标准，通过建立垃圾转运站（1994年）、盐水亭（1997年）、北荷兰Web馆（2002年）以及后来延伸1.6公里蛇形体块的声屏障内的驾驶舱（2005年）等具有情感的建筑体的方式。从一开始我就意识到在可塑的综合形体里强加风格的重要性。最后，在流线型建筑概念诞生后的整整10年后，扎哈·哈迪德和渐近线等建筑设计工作室开始采用一种"精简版"非标准设计态度。在20世纪90年代，我正忙着定义非标准建筑的融合规则时，哈迪德和年轻一些的拉希德（Rashid）与科图雷（Couture）仍然在用当时占主导地位以及可追溯的解构主义语言表达自己。只有当早前的学生像帕特里克·舒马赫（Patrick Schumacher）进入这个行业，哈迪德的工作才通过动力场理论和生成式程序向或多或少的非标准技术和美学发展。然而，哈迪德最近的大多数提议都不可能被建成，因为他们把非标准语言的美学运用得太肤浅了，不是源于一种连续的、内部的非标准逻辑，从而将她的设计放在资本主义泡沫经济的幻想领域里，而不是置于尊重社会可接受预算的健全实践之中。更糟糕的是，由于如此颓废地进入全球泡沫经济的幻想中，非标准建筑的潜力总体上变成是妥协的，使客户更难信服连续的非标准设计的完整性、有效性与效率了。因此，我只能得出这样的结论，哈迪德对非标准的潜力与内在的承诺，以及相关的数控大规模定制达成了一种妥协，以此提高建筑环境的总体质量以及生活的质量。

1.18　非标准包含所有标准

　　非标准建筑（NSA）本质上是包容性的。非标准建筑的双曲面（样条曲线）是由曲线控制的，而这些控制曲线（贝塞尔曲线，Bezier curves）又由一系列被一组参数处理的控制点控制。通过设置参数，设计人员可以决定设计的平滑程度。设想一下，一个非标准设计有着成千上万个承载信息的控制点。然而，一个标准的传统平面设计通常只需要不超过几十个控制点（至少8个点）定义一个正方形的体积，通过将承载信息控制点的参数插入承载信息的曲面的方式，将信息添加到直线。当控制点仍在原位时，重新设置参数为零可以获得立方体体积。这个简要的思维练习清晰地表明，非标准的方法包括标准的棱柱形。反过来是不正确的，棱柱形无法正确地描述一个弯曲的形状，这使得非标准的方法相比于标准的方法有着简单的优势。标准的几何形体是平面物体，而非标准几何形体代表空间物体。非标准几何形体比柏拉图式几何高一个层次，代表更高层次的信息。当今商业市场开发的软件应该承认这一更高层次的信息。软件必须支持BIM，它能够没有任何限制地描述非标准几何。正如我所写的，只有少数软件包（通用组件，或气相色谱法；数字项目，或数据处理）能正确地支持综合的参数化几何，但是令人遗憾的是这些软件包是基于专有的软件体系，所以它们不是开源的，并不是所有参与设计过程的人都能轻易获得。因此，没有一个简单的连接联系其他装备不齐全的设计利益相关者，这使得在双向数据交换过程中必然会丢失重要信息。气相色谱法与数据处理对于非标准建筑的初学者来说太贵了。按照前文描述的原BIM策略，不同学科、不同软件包之间的数据交换必须被限制在交换基本数据，并使用专门的开源语言。当设计主题是可编程的结构，数据流的支持是强制性的，这个时候必须实现从原BIM到量子BIM的飞跃。量子BIM是一种对未来的憧憬，而原BIM策略是可以马上实现的，需要的只是一个心理开关。这项技术是可用的，人们只需要教育自己，并跃进到更深层次。

1.19　多细胞形体

现在我需要讨论另一种策略。我需要超越硬壳式结构，超越单细胞形体，也就是说超越盐水亭，超越iWEB，超越"驾驶舱"。想象一下立体结构，想象一下多细胞形体。建筑一般来说与多细胞形体的空间布局相关，与细胞膜对基础设施与人携带混合气体、液体和信息的封闭或半透性有关。走向一个新类型建筑的道路必然是一条通向综合的多细胞体和自适应体的道路。在这条道路上，两大新范式必须被采用。首先必须有一种向非标准几何模式的范式转变，然后是第二种向实时行为的范式转变。像大多数其他非标准的做法一样，我第一次在硬壳式结构中通过基本简单的形式实行非标准几何模式，类似于汽车车身和其他产品形态。对我来说，这是一个合乎逻辑的起点，因为我深受产品本身和产品寿命的启发，它们对我来说代表着大自然的新衣服。重要的是要认识到这样一个现实：非标准设计艺术的实际状态并不是完成所有建筑发展的最后一步，它只是迈向智能自适应和主动机构的架构的第一步。

因此，以三维的泰森多边形结构为基础，合乎逻辑的后续步骤是走向多细胞的建筑体的设计范式，这是我在最近几年已经探索过的。想一下肥皂泡在空间中的膨胀，向他们的边界膨胀，你可能会很奇怪为什么肥皂泡不是矩形的。事实上，如果作用在它们上面的力和作用在它们内部的力有同样简单的参数值的话，他们就会是矩形的。如果驱动细胞形状的参数一样，肥皂泡的结构看起来很像我们熟悉的多细胞三维网格化结构。然而，从进化中我们了解到身体内外的作用力从来都不会均匀分布，因为总会有细微的差异，从而导致空间布局的显式变化。

目前，我已经达到了运用三维维诺图（3D Voronoi）和数字脚本工具探索差异性、变化与形态的丰富性的程度。维诺图（Voronoi diagrams）是借用俄罗斯数学家格奥尔基·冯洛诺伊（Georgy Voronoi，1868—1908年）的名字命名的，维诺图的节点是与三个或多个相邻区等距的点。我们将三维维诺图逻辑应用于韩国首尔的数字亭（Digital Pavilion）和韩国丽水（Yeosu）的浮动水亭（floating water pavilion）的设计中。三维维诺图能让设计师将一个项目需求的参考点云与空间布局概念联系起来。项目的需求是有生命和定量体积的点，每个点都有自己绝对的体积，并和相邻的点有着议定的距离。为了适合概念性的想法，三维布局的建筑外观是受自上而下强加的参数控制的，然而三维维诺图逻辑是描述群体行为规则的内在逻辑。不难想象，当点云的位置以参考点组织在一个严格的矩形网格里的方式被控制着，三维维诺图计算的结果将会是一个矩形的多细胞结构。因此，多细胞维诺图包括传统的矩形网格结构，同时通过刺激了数以百万计的可能空间布局的丰富性的方式提供了更多的内容。这适合信息架构师在探索数以百万计的可能性时找到他们的个人风格。每当一种新技术变得可用，建筑师必须潜入新的、深的层次并重新学会徜徉。

2

塑造形体

通过动力线收集组织
点云数据来塑造形体

012 劳伦斯·范·登·阿艾克（LAURENS VAN DEN ACKER）设计的雷诺DeZir概念车型

　　分析概念车差不多是我和同事每天的例行工作。很多概念车在车展上向公众展示，检测新的发展方向，给来自不同品牌的工程师留下印象，同时概念车也是未来汽车生产的试验场。在概念车和生产模型的发展过程中存在一个有趣的现象——二者之间的时间差越来越小。得益于设计环节中计算工具和原型塑造过程中数控机床的进步，概念车越来越快地投入市场。目前有一个明显的趋势，功能完善的系列原型会立即投产。最后的程序就像我们熟悉的按需印刷那样——（下达）生产命令。以前这是富人的特权，但是信息与通信技术可以在设计和生产过程中让特殊设计的独特性为大众所用。

　　例如，我一直很好奇设计概念车时要考虑哪些因素。雷诺DeZir的内饰中座椅的概念使我想到北荷兰Web馆，我们在铝板之间留下空隙（这里是用在汽车行业），这样熔岩一样的红色就可以由内而外显露出来，在夜晚引发魔幻效果。汽车形体设计和建筑形体设计这两门学科可以彼此参照学习，相互交融。

雷诺DeZir
carbodydesign.com

013 克里斯·邦戈耳设计的宝马GINA概念车型

　　GINA概念车在2009年向外界公开，此时距离设计师克里斯·邦戈耳（Chris Bangle）及其团队创造它已过去了近10年。为什么会被保密这么久？通过对GINA进行分析，显然它是轮廓线尖锐的宝马Z4跑车发布前的测试产品，这一特点可以追溯到21世纪前10年的宝马1.3和5系车型。但这并不是他被保密的真正原因。真正原因是这个原型是在情绪化设计上的大胆尝试，贯穿在侧面、引擎罩、车前灯、座位之上的特征线造型可以通过编程改变其曲率，从而改变情感倾向。这在汽车形体设计中前所未有。然而，这完全与我们对可编程体系结构的态度产生了共鸣，正如1999年我在新奥尔良第一届建筑实验室（Archilab）会议（在法国奥尔良举办的年度建筑博览会和会议）上介绍的一种可编程建筑的概念——Trans-Ports。我采用的推理过程几乎和克里斯·邦戈耳设计模型的过程一样。我们都强调了内在的情感价值，可以通过指示作为人体结构框架一部分的执行器来解决这些情感价值。在不了解彼此的情况下，我们同时发现了在概念和计算的直接联系中存在强烈的情感潜能。2001年，我在代尔夫特大学发表题为"走向感性建筑"的就职演讲，这件事意义重大。在工作上的趋同进化。

宝马GINA

carbodydesign.com

2.1　概念主导一切

　　设计概念在任何行业都十分重要。这种概念是火花，是知觉，是前所未有的事物，是设计师脑海中突然与已知想法融合的新组合，是首次出现在建筑设计实践中的奇点。最初的概念构思在设计过程中是首要和最重要的，最初的规则主导所有附属规则。最初的概念构思决定设计程序的前进方向，选定的初始想法排除其他的初步想法。概念就是整个"设计剧本"最先写下的句子。我以鹿特丹现有声屏障下的ONL新办公室项目的设计概念为例，说明设计概念从上到下的特点。简单来讲，我的设计概念就是用1000平方米的建筑物替代声堤的一部分。这个概念可以缩减为"剧本"里的一行字：用建筑替换部分堤岸。这个概念包含了很多自上而下的信息，因此将其作为最重要的一条规则，排除了无数的其他可行方案。设计概念的主要作用在于缩小可能性范围，为未来的建筑制定不可改变的方向，在无数可能性中选定方向。选定这样的方向是直接和直观的行为，是脑海思维的捷径，是一种富有挑战性的新思想的结合。在确定概念构思之后，必须尽快量化概念，以便开展接下来的设计进程，也为了能与设计工作中的其他参与者进行沟通。

　　任何概念构思在某种程度上都与某个特定几何形态相关。比如置换部分堤岸的想法就与堤岸的形体相关联，堤岸的形态就给将要设计的建筑形态限定了一系列条件，这些条件限制了建筑可能出现的形状的数量。严格遵循初始设计概念就意味着建筑不会是竖直的，不会是矩形的，不会突出，也不会是双曲面的，因为堤岸的形状规定了之后的建筑走向，否则这就不是"替换"而是"重新设计"。因此，选择正确的设计关键词是十分重要的。但还有更重要的，"剧本的第一行"（初始设计概念）必须进行量化。根据我在实践中的观察，一旦设计师接受了质与量的分离，他们就会失去对设计概念的控制。因此，当一个简单直白的初始设计概念在电子制表软件或表格中实现量化，（概念）将能够自上而下的控制将来的所有设计方向。把算法关系由种种可能的范围缩减到寥寥可数的设计选项只需要四个关键词——置换、部分、堤岸、建筑。设计概念对将来可能性的限制越多，设计就会更加独特，更加令人兴奋，更加富于挑战，更加有吸引力和创新性。概念设计的艺术在于：首先提出一个大胆且富有挑战性的概念，然后不遗余力地保持兴奋，避免偏离最初的设计概念方向。基本法则是：描述（设计概念）用到的词汇和数据信息越少，（设计概念）就越强大。概念的力量就像是一块置于未来某处的有着强大磁极的磁铁，磁极能够吸引来自各个领域的人们贡献力量，客户、专家、生产商、管理者都受到磁场的影响，愿意为共同的目标而努力。这就是概念的力量——概念塑造事物，概念主导一切。

用建筑物代替堤岸的一部分

ONL [Oosterhuis_Lénárd] 2010

2.2　概念到计算之间的直接联系

最初的设计概念直接关系到设计成果所采用的形态。在"建筑代替堤岸"的案例中，形态可以用简单的几何形体描述。引入几何体意味着引入计算，因此在最初的概念想法中，选好的关键词与计算产生直接联系。堤岸有给定的尺寸、给定的角度，由具有特殊性能的材料建造，能够吸收一定分贝的噪声。当置换堤岸的一部分时，人们知道堤岸在国家坐标系中的位置，这个位置能提供大量的数据，根据这些数据可以把计算同初始概念联系起来。接着，就可以获得天气、水位、实时风速风向等数据，还有堤岸必须吸收的分贝数值。换句话说，概念要与环境背景中的大量数据因素建立联系。我认为在设计过程开始的时候，与环境数据建立联系是十分重要的。有些数值是固定的，比如堤岸斜坡的角度；有些数值是可变的，可以根据面积要求进行变更。在这个设计阶段，假定的建筑更像是一个有着明显几何约束的可塑的软体单细胞，几何形状来自堤岸的形态。细胞可以沿着堤岸的轴线进行参数化的拉伸变化。接下来再把环境数据连接到细胞之上：细胞的三个表面要面向堤岸本身；其他的三个表面要面向天空，一面朝南，一面朝上，一面朝北。因此，这个单细胞模型必须与太阳图表联系起来才能监测阳光辐射。推拉表皮的风力可以应用于BIM原型。这些基本计算在任何设计方案的发展中都是优先级最高的，这可以在设计开始的时候，促进同其他专家之间的合作。当建模正确，就能够知道单细胞空间的体积，可以进行参数化调整，然后也可以对母细胞外表面覆盖材料的性能进行选择。为了能够自由地使用数值，也为了能够不断地变动数值，我们必须使用Rhino或者Grasshopper软件建立参数化的数值，最好使用界面友好的滑块进行数值设置。这能够使设计师在早期阶段直观地操作，也能让设计师把更多宝贵的时间花在设计问题上，而不是被技术障碍所困扰。我知道这听起来像是一个悖论，但是在能够直观地创造工作空间之前，我们必须首先把设计模型同实时运算联系起来。

　　这就是它运作的方式。我需要精确的科学和逻辑把自己从常规中释放出来，并保证能够直观地操作。技术必须要以这样的方式建立，这样无论设计师作何选择，所有的关联能够完整保存，不会出错，不会遗忘，转换中不会丢失，也不用因为工程师产生出乎意料的价值观而变化。不幸的是，当前的实践中重要的数据经常延迟，迟很多，这就需要完全重建设计概念模型，通常还得重新提出概念。这样的话，初始概念的特质和力量很容易丢失。基本的工程（管理）要在设计概念过程中发挥积极作用，这就需要概念和设计数据之间的直接联系。后续步骤中就会应用到参数化滑块，这些滑块联系着未来单细胞体体积的发展。细节越多，设计就越精准，单细胞体将会分裂成更多细胞，就像是一个受精卵分化形成一个功能性群体，始终保持内外数值驱动的关系完整，并能够参数化地进行修改。

2.3　多样性

　　假设用建筑替换部分堤岸的概念是在堤岸旁边建立一个新建筑，没有人会好奇（这个概念），虽然它可能成为一个很棒的建筑，但还是会被视为常规建筑。兴奋点在于两个无关的物体的融合：建筑和堤岸。单想到二者的融合就令人兴奋，这是前所未见的，就像是一个破碎的杯子飞起来变得完好无损。融合设计以前所未有的方式将不相关的事物结合起来。堤岸—建筑的设计概念表现了"地表多用途"的原则，堤岸发挥声屏障的作用，但是它无疑也是一个功能性建筑，一举两得。

　　在可持续性方面，我的设计方法是：把迥异的实体融合成新的更复杂的实体，相当于单细胞体进化为双细胞体——鸡肉加鸡蛋的过程。每个细胞体有各自逻辑的同时，双细胞体则拥有扩展的逻辑，更加复杂，在某一阶段带来更进一步的规范和更复杂的形体，（形体）包含成千上万的细胞，一些较小的东西（建筑构件）和较大的东西（空间），也会带来更多样的讨论，功能和材料特点同时融合在一个单独的、复杂的建筑体之中。关于融合和多样性的选择能够拓宽视野、打破心理障碍、建立新的建筑体类别，并最终带来自我宣言式的新建筑类型。

2.4　逆向

设计概念的典型特征，尤其是"堤岸建筑"概念的特征是：这是一个在问题发生前就不断解决问题的过程。这种不断解决问题的设计概念的运作方式和热力学第二定律截然相反。热力学第二定律指出，所有能量趋向于分解为低能量的状态。熵可以评价一个体系有组织或无组织的程度，一个高水平的熵代表着更少的信息和更多的障碍，我们的宇宙趋向为一个常规状态下的较高的熵水平。提出概念是件特殊的事情，概念会增加宇宙局部的信息量。设计概念作为外来的资源在本地增加信息。一个概念就像是一个置于未来某处的磁体，吸引所有关注，增加体系的信息量，影响着（本地）局部熵水平的降低。不幸的是，在科学世界中，熵水平定义如下：一个较低的信息水平和减少的秩序意味着更高的熵水平或者是更多的混乱。不过让我们从积极的一面看待它——设计概念逆向运作，降低熵水平，增加信息量。逆向的思维和行动从环境中提取能量。任何逆流而上的设计概念都意味着信息量的增加，同时伴随着下游信息量的减少。增加信息量能够使对象更加鲜活。生物体是高度信息化的结构体。任何强大的"解决问题"的概念都对环境有着极化效应，它垄断信息，在知情者和不知情者之间制造代沟，因此，它以环境为"食"，这不是一个好坏的问题，这是进化造成的必然后果，无限地增加信息量最终会导致一个纯粹信息化的世界。当然，尽管这符合逻辑，但仍然只是一个推测。事实证明，要实现一个高信息化水平的建筑，需要有更高的智慧、更多的机器人、更多的参数、更多的回应、更多的适应、更多的实时行为、更多的主动性，也需要以提取有序信息的方式来"食用"环境。因此产生有趣的结果：这使其周边的直接环境有点迟钝。设计一个信息化程度更高的对象是值得的，这可以实现更有意义的多种可能性，并受到更多大众的赞誉。高度信息化的建筑会被认为像是生命

声屏障内的驾驶舱

ONL [Oosterhuis_Lénárd] 2005

结构一样，公众不仅仅像是看待静止结构体那样看待它们，因为公众体验到的（建筑）像是有生命的。公众更愿意看到活着的鸟儿，而不是死鸟的标本。建成环境由极度沉默冰冷变得健谈和兴奋，与使用者对话（互动）得越多，公众就越喜欢。

2.5　并非固定的方法

对于不同的设计项目，我通常会创造新的规则和新的设计工具。没有适用于任何项目的固定方法。一个特定项目只有一个特定方法，因此设计策略通常因项目而异。我从早期的项目和同其他建筑师项目的交叉之中吸取经验，但不会重复同样的概念关键词。我不会大量生产类同的设计，相反，设计总是根据特定的位置、时间、预算和影响因素而定制。设计讲求"此身、此时、此地、面面俱到"。设计概念的主题就是"进化"，重复同样的概念是不可行的，因为环境时刻在变化，技术手段日新月异，公众的政治主张像钟摆一样摇摆不定。重复相同的概念是危险的错误想法，重复设计概念（的行为）必须被视为倒退的思想，（这种思想）由令人失望的怀旧思想产生。如果一个设计者经过漫长等待只想到重复的设计方案，那就像是来自过去、另外一种文化背景、完全陈旧的事物，仿佛尘封的博物馆残品的劣质拷贝。因此设计规则随时代变迁而演进。但是，这并不意味着所有的新设计规则都是强有力且令人兴奋的，远非如此，大多数应用的设计规则是完全乏味的，盲目跟随潮流，生产出一堆优秀设计的低劣复制品，这些优秀设计通常是跟风者在杂志上看到的。与生活的很多方面一样，设计概念的好坏符合钟形曲线的逻

迪拜的Flyotel

ONL [Oosterhuis_Lénárd] /

马哈茂蒂2005

辑分布——大多数设计概念是普通的，而在钟形曲线的两端则是特别好的和特别差的。创新是进化的本质特点，每次宣布提出新东西时，我只是确认我跟上了进化（的步伐）。此时此地，（我们）无法脱离进化，我们就处于进化之中。对我来说，没有什么比这更加惊奇的东西了。

014 迪拜的Flyotel

　　迪拜Flyotel的设计概念是为了赞扬飞行的魅力，尽管有其他的概念和思想策略出现在我们的脑海中（我们还是采用了这个）。这个概念诞生于上海的一次讨论会，我们在那里遇到了室内设计师亚斯敏·马哈茂蒂（Yasmine Mahmoudieh），并且决定通过合作的标志性酒店项目进入迪拜市场。我们设计了建筑外观，亚斯敏·马哈茂蒂设计了室内装修。我们把设计概念展示给一些项目开发人员，并得到了他们积极的肯定，但哪怕是在迪拜，这个设计概念也似乎有点过于极端。棕榈岛集团（Nakheel）不确定他们是否可以完成建造，因为有太多的未知因素。而我们知道可以完成，因为我们已经积累了许多非标准建筑逻辑的经验，并且相信这个设计至少可以像其他在阿联酋建成的项目一样，是可行的。Flyotel的设计是一座要求苛刻的雕塑，有160米高，其形体和表皮基于早前发展的感性设计原则，而现在工业化预制技术的发展和从数控架

**都柏林U2塔
2003**

ONL [Oosterhuis_Lénárd]

空技术中吸取的优点为其实现提供了可能。Flyotel有一个水上飞机的港口，被一个会议中心环抱并连接到主体升高的部分，这部分被有意塑造成像优雅的天鹅一样，以此表达飞翔的愿望和漂浮的能力。在形体的感性造型部分，我们在两个主要体块（会议中心和酒店大楼）之间引入"细颈"特征，就像它们漂浮在水面一般。

015　都柏林U2塔

　　U2塔国际竞赛的获胜方案是一个普通却造型扭曲的灯塔，或许复古的风格象征了U2乐队是来自过去的光辉。我们采用了一种激昂的设计方法：将U2工作室和一个对公众开放的工作室并列设置，就像是二元时空磁力场的两极。我们的设计可以视为一个宣言：U2乐队可以认为他们是王者，处于世界之巅，但他们同时也要记得他们无法取代一些不出名或者不再出名的乐队，这些乐队一直在创作优秀的音乐。我们在两个工作室之间建立了生动的对话关系，正如我们定义的一样，二者通过"奇异物质"构成的发光楼层实现联系。这种特殊物质是一种可以编程的结构，可以根据实际状况改变形态和内容。这个结构是自1999年我们提出"动态跨端口"（Trans-Ports）后，对可编程结构概念的一次运用。"奇异物质"在玻璃结构中电动活塞机械的驱动下，能够随着音乐的共鸣而变动，也会随着音乐声调的高低变换颜色。我们设想在两个工作室之间会产生持续的碰撞，引起颜色的变化，掌控调动"奇异物质"的权利。直到设计了U2塔以后我们才意识到，我们的竞赛作品中弯曲的部位就像是一条强有力的手臂，如同U2乐队的歌曲一样有力。

FSIDE住房
阿姆斯特丹

ONL［Oosterhuis_Lénárd］2008/
卡斯・奥斯特豪斯摄

52°19'10"N
4°57'28"E

2.6　关于曲线的观点

　　强有力的设计规则展示出的是坚实的内在逻辑：它们明确且定义明晰。强有力的规则可以有自上而下的强制性，或者是自下而上的生成特性。设计规则必须激进，以便用短短几行的简明代码来描述。它们以平实的文字代码开始，接着是作为即时命令脚本的若干行软件程序语言代码。设计规则如果无法在计算机程序中被清楚地表达和精准地量化，就是无用的，人们无法在数字环境中与之合作。这意味着如果有一个人认为他有一个强大的设计规则（概念），但是无法量化，那么就很麻烦。而且，这样的设计规则并非是规则而是模糊的主观想法，可以有多种解释，并且会带来一系列后续问题。随后，设计环节中的每一个参与者都会有各自的理解，过程不会顺利，设计也会被矛盾的观点损害。这里举一个实践案例。当我提出建筑要有光滑的曲率，我就需要定义曲线的类型。曲线的类型有无数种，所以我就需要精确的数学定义。我必须对曲线有明确的想法，否则曲线将会沦为婴儿玩具一样的混乱形状。我坚持认为：规则一定要明确。定义好曲线的类型意味着需要设定若干控制点以及控制点的参数，确定控制点的数目和参数的数值。任何可验证的设计活动的本质是：你的想法越明确，你就能越好地与设计过程中的其他参与者沟通，也能越好地以交互的数字化形式表达你的想法，从而排除模糊和混乱，增加宝贵的设计时间，排除未来建造中可能出现的错误。

2.7　使概念激进

　　有了初始概念的想法以后，任何设计师都会很快被模糊的假设分心，进而对设计的正确性做出妥协。概念会遭受各种质疑和反对，概念要经历一系列的检查和平衡测试以检验它的合理度。在初步瞬时构思经过先前的测试后，设计过程的困难部分才刚刚开始。各种各样的质疑会在设计过程中浮现，反对的力量一心想要摧毁设计概念。保持一个概念力量的技巧在于找到在随后第二、第三阶段的设计决定中强化初始想法的方法。摧毁一个概念是快速而简单的，但是长期建立它的特点直到建成，是一个复杂的任务，需要来自设计师的毅力和说服力。我的社会生态学教授曾说：发动战争是快速且容易的，但实现和平却是缓慢而复杂的。只有真正强大的概念才能留存，也就是能够抵抗多次攻击的概念。

乌特勒支附近的A2高速公路声屏障设计采用的"驾驶舱"概念就经受了很多攻击，但后来（概念）被证明其在变化的环境中是能以不变应万变的，保持了纯粹性，吸引了以后的客户，同时增加了在非标准设计和文件到工厂数控制造的创新过程中的控制力。现在"驾驶舱"项目已经成为将建筑整合为高速公路沿线声屏障的示范模型。这个实例说明：为了在不可避免的攻击中留存下来，概念需要保有激进的纯粹性。激进的特征在自然选择的过程中十分重要。为了（概念）留存，我的策略是：不偏离直觉选择的方向，不改变主题，不随时间推移提出新想法，因为这些都会使客户迷惑，引起客户质疑其究竟是不是一个好想法。最好的策略就是使概念激进，将最初的概念想法发展到极致，不做妥协。只有当一个创新概念足够激进，它才会打开客户的视野并得到重视。这时设计过程中的其他参与者才会变得兴奋，也只有这时才会有其他特殊的事情发生，这些事在最初的组合概念迸发之后还能够意义深远。一个强大的设计概念能够开拓视野、打破思维桎梏、树立可信性和铺就成功之路。

2.8　动力线

目前的设计软件不能支持凭直觉获得的想法，同时设计过程中也不支持即时性（的想法）。目前的设计软件界面仍处于一个不成熟的发展阶段；它们太过于技术性。目前的软件程序通常在附属的要点上建立，即制图员的视角，而不是在"突破界限"的要点上建立，即探索的设计师的视角。一方面，我支持对精度和正确度的要求，因为我知道这是通过建筑信息模型与其他参与者发展良好对话的唯一方式；另一方面，我认为设计过程中让设计师能够跟着直觉（工作），推测未知的领域，面对未知能够快速反应是同样重要的。为了支持我跟随直觉的观点，我多少需要运用一些现有的软件，这些软件不一定是软件开发者使用的，在这种情况下，伊洛娜·勒纳使用现在的CAD软件跟随灵感绘制三维草图，避开了需要提前学习软件的问题。每一个计算设备的内在要点是：哪怕灵感草图是瞬间产生的，借助三维数字化仪器或三维鼠标以手势描绘，也能够以数字精确地描述，进而准确量化。

伊洛娜·勒纳把她的凭直觉快速绘制的草图视为承载着能量的动力线（powerlines）、手势。她通常会有一段时期，每天绘制数以百计的快速草图，每张草图用时也就1~2秒。这种情况下是没有时间深思熟虑的，就是要跟随纯粹的灵感直觉。在她眼中，动力线是个人对曲线的观点，她的手势是定义后的曲线。因为手势是由手臂和手在手腕和肩部的五向度自由空间内的运动组成，她以这种方式挥动手和手臂来表达她对曲线的观点。例如盐水亭项目中的Hydra装置设计（1997）和中国南京婚礼堂（2007）就很好地体现了勒纳是怎样将三维直觉草图转化为建筑结构的。勒纳的艺术作品清楚地表明了，探寻一个人的灵感直觉并将相关的情感性手势同精确的计算相联系是存在很大发展潜力的。灵感草图很快捷，计算也很迅速，比人们深思熟虑的头脑还要快。

勒纳探索了直觉素描的原理，使用三维数字化仪器直观地将手势（指令）同计算联系。直觉和计算间的直接联系很像是一个自闭症患者同电话簿中号码进行联系的方式。就像是电脑鼠标一样，只能在两个维度自由移动，限制在自己的小范围之内。不仅是艺术家，现代信息化建筑师也希望可以更自由地移动，打破鼠标垫的限制。现在迫切需要提升完善设计者和计算机设备之间的交互联系，以促进躯体活动更自然地把想象和知觉的创意转化到数字领域。

2.9 具体项目的设计工具——始计划

假设目前的软件不支持设计师无意识地操作使用，那么设计师需要考虑设计一个定制的设计工具。这就是我和我的设计团队ONL为位于阿布扎比的曼哈尔（Manhal）宫殿的曼哈尔绿洲总体规划项目和位于首尔的数字亭项目所做的工作。我要求我的研究员团队"超体"为综合的城市规划编写一个设计工具。为曼哈尔绿洲总体规划项目定制的设计工具软件"始计划"（protoPLAN）基于集群行为的原理。始计划的设计基本上是一个严肃的游戏，设计者就像一个游戏玩家，在不断自我演化的游戏内部进行操作。在设计游戏开始时，首先设定好总FAR（容积率）。无论人们如何进行修改、分割、复制、移动或以其他方式变动空间布局，FAR保持不变。FAR是设定的全局限制，如同一个作用在参数系统上的外力，就好像棋手下棋时遵守的内部规则。遵守FAR只是一个密度问

曼哈尔绿洲始计划设计工具

ONL [Oosterhuis_Lénárd] 2006/
超体研究组 托马兹·贾斯基维茨
（ Tomazz Jaskiewicz ）

题，不涉及详细的造型问题。

　　设计者开始设计，把曼哈尔项目中200万平方米的面积需求编译成一个紧凑的体积——母细胞。设计者可以把这个细胞实体均匀地分散在整个规划区域内，同时保留它自身的单细胞特性。原始母细胞分裂为子细胞过程中的进一步规范为接下来的设计选择奠定基础，分裂的游戏就此展开。首先我把主题母细胞划分为四个特性各异的细胞，每个分别位于矩形场地的边上，（矩形场地）目前是阿布扎比中心区地方统治者家族废弃宫殿的位置。随后长边被划分为一系列塔楼，短边被划分成两个功能不同的组团，场地一端是一个商业组团细胞，另一端是一个邻着中央机场道路的文化组团细胞。直到要求的决议、位置、尺寸、相互关系以及特定功能确定后，这个规范设计的游戏才会停下。设计者制造多少自下而上划分和融合的独立性，FAR就保留同样多的。规范是由内到外自下而上的，FAR是由外到内自上而下的。共同点是分裂的细胞之间相互关联的真理。例如，每一座塔楼都伸缩自如地由同一个教育模块连接。当塔楼移动时，教育模块随之移动。在遵守全局限定的同时，以这种方式保持局部的关系不变。因为没有类似的商业软件，我们不得不使用游戏开发软件Virtools（一套采用互动行为模块的实时3D环境虚拟实境编辑软件）作为合适的平台，以便自己开发。因此，设计过程就变成了由游戏参与者实时操作的专门定制的设计游戏。

**南京东南大学
建筑学院理学
硕士课程中的
北京798项目**

超体研究组 2006

2.10 自上而下，自下而上

　　建筑是一个在自上而下的压力和自下而上的释放之间的平衡活动。我个人认为二者在设计过程中应该距离彼此尽可能远。自上而下的命令越明确，自下而上的反馈表现越发散，介于二者之间的力场就越强大。这种强烈的力就是我在设计中努力追求的。设计概念在强大的力场中蓬勃发展，尤其当陌生的项目成果被置于具体的环境中时，在这里设计对象是自上而下体系中的一部分，而环境是分散的存在，追求的项目成果就会成为理想的成果甚或更好。

　　概念力场互逆的两极是根据在形体设计中的作用而定义的：在复杂环境中自下而上的信息急增和自上而下的信息指令的施行。实际上，任何读取数据的系统都是自上而下获得信息指令的，而所有产生数据的系统都是自下而上运作的。因此，任何的输入、处理、输出设备都具备自下而上和自上而下程序之间的平衡。通常，当设计者命令设计程序去设计一个特殊的形体，形体是不会自动生成的。我意识到根据细胞自动机原理可以模拟自下而上的自动配置，不过这些自动设计程序在这种方法下通常会遇到自上而下的设计限制。这些程序运行限制的设置优先于计算程序的运行，因此结果会局限于一个预定的可能性范围内。一个自组织的设计程序不能跳出其预设的系统界限；顾名思义，自组织的设计程序是自我禁锢的囚徒。这也适用于可执行的细胞自动机。自组织的设计系统常被用于创造围绕一个主题的变化，这个主题被限定在其系统界限内。若设计者想创造不同的主题，唯一的办法是提出不同的设计逻辑，最终形成一套新的自上而下的设计系统的规范。基本上每一个革新的设计概念都是一套新的自上而下说明游戏规则的规范。另外，没有自下而上工作机制的自上而下的设计是不存在的。自上而下和自下而上就像是硬币的两面。从系统的角度看，设计概念通常直观地以任意方式设置边界。没有理由批判强力推行的自上而下的决定，也不能忽视自下而上的力量。在激进的设计概念中应该对两股力量同样重视并保持合适的动态平衡。设计者自上而下的决定代表了他的愿望——脱颖而出，得到尊重，成为典型案例，在自然选择原则中为中选而竞争。一个设计可能是最美或最丑的、最合适或最单薄的、最大胆或最保守的、最新颖或最乏味的、最喧嚣或最谦虚的、最精确或最模糊的、最高大或最渺小的，但只要它被识别出来，它就可以作为未来革命性发展的基石。

016　标致汽车从201到208型号车灯的演化过程

　　在工作中见证演化是多么令人着迷。我的一生中见证了许多汽车车灯的发展演化。标致201生产于1929年，经过80年的演化，标致208的雏形定于2012年，基本上是每10年经历一个演化阶段。类似的演化在别的品牌上也可以看见。前四张图片属于我父母的时代，后四张则是我的时代。我驾驶的是标致307，我之所以购买它是因为其大胆的前灯设计。至少当时在2000年的背景下，前灯的设计是非同凡响的。现在我们对车灯和车身的融合习以为常，认为这是自然而然的，但是这用了将近一个世纪的时间才做到。20世纪30年代，标致201的形态仍然只是增加了挡板的古老马车，前灯只是一个单独的源于煤气灯的装置，安装在挡板之间的车身上，与其他的独立原件共存着。就是在这个时期，包豪斯主张把每个功能表达为单独的设备。1938年标致202出厂，我们看到了有趣的特点出现。前灯仍然是一个单独的设备，但是半隐藏在穗状的格栅之后。其他品牌没有太多这样做的。这样做的目的很明确——使形体呈流线型以减小阻力。挡板谨慎地与引擎罩合并，所有的组件变得更圆润。1948年的标致203车型中，这种结合得到继承和发展。前灯不再是一个单独的体量，而是退到了车身之内，不过仍然是原型并且明显沿袭了早期车灯的设计。设计逻辑显而易见——车灯应该是圆的，因为灯泡是圆的并均匀照向各个方向。现在前挡板和引擎罩的较低部位做成一块，格栅延伸到挡板并围着车灯。到了1965年，标致204车型的设计把前灯和格栅合为一

标致

201，202，203，
204，205，206，
207，208

peugeot.fr

体并置入车体，几乎不再表现挡板，而是将其融入车体侧面。不过演化仍未止步，它从不停止，不断地将新技术吸收到汽车形体中，激发设计师的新想法。设计师借鉴其他的品牌和消费产品并把新发现运用到新车型中。标致205车型展示了全新的特点，开创了全新的令人振奋的概念方法。1983年的车型中，前灯在车身转角处转弯，最后保险杠也融合进去。工作中的演化是无与伦比的，一如1998年标致206车型为其他品牌树立了标杆，车灯演变为时尚之眼，格栅如同性感的张开的嘴巴急切地吸入空气让汽车行驶得更快。速度的概念终于融入了通用汽车领域。保险杠现在完全与车身融合。

这是传统演化的终点吗？绝对不是。在21世纪前10年中明显出现了情绪化造型的概念，这在克里斯·邦戈耳设计的GINA车型的图片中可以明显看出。同时，照明科技也有了新发展，LED灯技术进步到了不会占用很多空间。而且显然电动发动机毫无疑问将很快使"大嘴巴"过时，带来新的审美。那么建筑形体的演化是如何的呢？

2.11 通用和特殊

正确理解这两股对立的力量在初步设计概念之后的设计过程管理中十分重要。内在的设计系统代表了通用和约定俗成的标准，而概念代表着设计的特殊、与众不同、独一无二和新奇。"特殊"就是在特定方面将"通用"专门化，而"通用"不会自己选择方向。通用功能作为一组相互作用的细胞服从标准，具有群体性。"驾驶舱"声屏障隐含的通用设计系统是将双曲面划分为三角形的原理，这种用数学方法描述不规则几何体的原理是由数学家亚伯拉罕·罗宾逊（Abraham Robinson）在20世纪60年代定义的。而"驾驶舱"设计中的平滑的弹性线条形的形体特点则来自（设计）系统界限之外。充实"驾驶舱"设计内在系统的信息数据部分来源于环境，部分来源于设计者。他们像一个复杂的互动游戏中的玩家，为非标准设计系统制定参数值。三角形化的结构系统是直接来源，并双向地同双曲的表皮连接。"驾驶舱"的设计系统毫无疑问是通用性的。但我们的同行设计师认为"驾驶舱"是一个极致的特殊项目，因为这不同于他们普遍采用的（将双曲面）矩形化的方法。但实际上"驾驶舱"要比大多数现代主义的设计系统更具通用性，它几乎都基于简单的柏拉图立体。

埃斯泽特卡宫殿酒店（ESZTERHÁZY FERTŐD PALACE）

马丁·博齐克（Martin Božik）摄

　　由勒·柯布西耶（Le Corbusier）引入的声名狼藉的肾形形体是一个跳出原始形体局限的尝试。当音乐家和数学家伊恩尼斯·希纳基斯（Iannis Xenakis）在1958年布鲁塞尔世博会的飞利浦馆（Philips Pavilion）中提出规范表皮的设想，肾形形体最终采用了希纳基斯的方法突破了勒·柯布西耶规定的柏拉图局限。但是许多自认为是现代主义的建筑师仍自我封闭在简单形体的牢笼中。我理所当然地认为他们仍然否认非标准设计系统演化的包容性和通用性，并没有意识到其内在的对低水平系统的包容性。在欧几里得（Euclid）的几何世界的基础上，非标准建筑是处于更高水平的。柏拉图形体可以用非标准数学进行描述，但反之而行则会出现很多问题，而且几乎是不可能的。

2.12　机体结构的相似性

　　碳基生命定义了术语"趋同进化"，描述了不同祖先的生命形式如何演变出类似的特征，以不同的DNA结构走向相似的机体结构。在日常生活环境的产品和建筑等硅基产物中，我们同样可以看到趋同的机体构造。例如，汽车的形体结构同建筑一样，遵从一套内在逻辑。ONL事务所设计的埃尔霍斯特/沃德贝尔（Elhorst/Vloedbelt）的垃圾转运站的特征是一个端头、一个主体躯干和一个尾部，非常类似汽车包裹引擎的前端、提供适当比例驾驶空间的车厢以及装载货物排出废气的车尾。那段时间我驾驶的是雷诺Twingo车型，其相似性令我印象深刻。在汽车的逻辑中，发动机位和行李箱通常比驾驶空间狭小。在其他的

IPO设备，如电脑和仪器上可以找到相似性。前端部分输入信息，中间部分处理信息，而尾部以不同的形式产出信息，或者将信息携带到其他地方，就像汽车的行李箱那样把各种东西从一处运到另一处，这就给另外的地方带来了新信息。IPO设备（即这辆车的"司机"）很明显就是处理输入信息的处理器。同样的，埃尔霍斯特/沃德贝尔的垃圾转运站的躯干部分明显就是"处理器"部分，因为运来的垃圾在这里进行分类和整理。因此，这些非常不同的事物类型——汽车、电脑、建筑——在一定程度上是相似的，可以被视为某种形式的趋同演化。与其他形体相似，建筑形体设计的背后要有一套通用逻辑。意料之中的是，同碳基生命类似，这种相似性总是可以在从单细胞到多细胞的生物和物体上得到映射。封建社会时期宫殿的形体结构像是展翅飞翔的雄鹰，主体和与其连接着的伸展两翼令下属印象深刻，入口大厅像是贪婪的猛禽的喙，伸展的两翼代表着马厩，停放着探索和统治国家的马匹和马车。

我在实践中发展的形体结构无一例外是矢量控制的矢量形体。从剃须刀到飞机，从咖啡杯到相机，各种消费品可以理解为有一个矢量。如果将建筑视为可移动的交通工具——就像一个移动的空间，并不是旅程的终点，而是社会经验的起点，那么把建筑的机体结构看作一个主导的向量是合乎逻辑的结果。

埃尔霍斯特/沃德贝尔的垃圾转运站的头部、主体和尾部

ONL [Oosterhuis_Lénárd] 1994

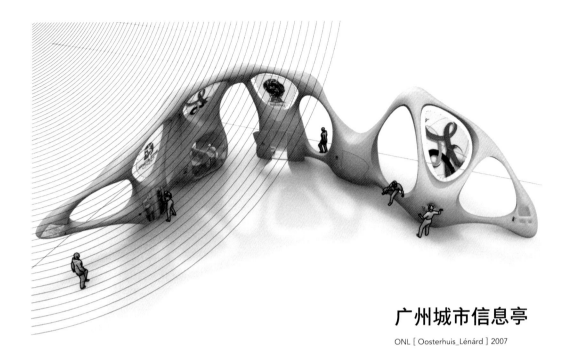

广州城市信息亭

ONL [Oosterhuis_Lénárd] 2007

017 广州城市信息亭

　　我们曾受邀参加中国广州的一个城市信息亭（Urban Kiosk）的设计竞赛，旨在设计1000座位置不同、尺寸不同、遍及城市的信息亭。设计概念来源于先前由伊洛娜在鹿特丹威廉敏纳码头（the Wilhelminapier）设计的名为防风罩（Windmask）的艺术作品。设计概念的做法是先在空间中定义一些点，参考点云，然后根据不同功能绘制点云的细节。

　　设计以非常简洁的方式开始——选取空间中一些点。然后将参数化生成的节点细节布置到这些点上，使之看起来像一个整体。接下来给每个点赋予不同功能，某些点被放大以便容纳功能，例如厕所、自动售货机、便携吧、电话亭、广告位。之后我们根据功能和位置的外部数据编写一个基础参数化脚本，使之成为一个可视的结构体系，不只是一个单独的雕塑，更像一个功能完善的小型建筑。

　　这种建筑和艺术品的结合方式可以在从小到大各种尺度建筑中实现。要成功实现这种做法的一个条件是建筑师—艺术家团队对预算有充分的控制权，这也意味着建筑师—艺术家团队及其工程顾问在客户给定的预算范围内，要全力实现收支平衡。虽然这种职责很少给到设计者，但这是一种理想的情况。

南京婚礼教堂

ONL [Oosterhuis_Lénárd] 2007

018　南京婚礼教堂

　　Lu先生是南京中国国际建筑艺术实践展发展首席执行官，他对我们做的位于一座山顶上的婚礼教堂的概念方案很感兴趣。这个项目位于南京以南几公里，接近自然保护区的中国国际建筑艺术实践展现场。但这个方案尚未建成，因为来自日本的主管矶崎先生突然出现，他认为我们的方案并不可行，所以建议Lu先生不要继续。或许，矶崎先生是被临近的由斯蒂芬·霍尔（Stephen Holl）设计的美术馆的高昂成本误导了。因为我们的方案看起来更复杂，通常会被人们认为更贵。但是我们更清楚所有已建成的作品都在预算之内完成，因为我们能够掌控设计和建造团队，团队可以充分控制生产几何形体和连接节点的数控制造过程，包括控制成本。我们一向有能力在不丢失基本功能的同时改进设计，以适当方式符合预算要求。问题是决策者往往相信各种意见而不是事实。这就是为什么建筑师要转变为企业家型的建筑师，这样就可以全权控制资金、产品的性能和生产方法，而不是像提供产品那样单纯地提供设计。艺术家已经开始这么做了，产品制造商的做法也类似。是什么让我们倒退，让建筑师寻找投资者，开发一个产品再按照谈好的固定价格出售给客户？

2.13　曾作为知名建筑师的专家

　　盖里设计的建筑的结构隐藏在内外表皮之间，在建筑表现中不可见。在我看来，表皮和结构都应该被视为设计师工作中的重要部分，因此需要结构设计师和表皮设计师的积极意见，这是以前作为知名建筑师的专家的一项关键工作。我从超体团队中的许多学生项目中发现，很难去定义建筑师的新角色。我发现新型建筑师必须开始做信息化的建筑师。我支持"液态建筑"之父马克斯·诺瓦克的观点，他将新型建筑师的角色视为造型的"数据"。团队协同工作的设计和工程中，组织上存在这种问题：建筑师是否仍然像以前那样，像复古的思想家希望的那样处于领导地位？我支持直接民主的观点——各专业的专家都应该可以控制建筑信息模型中各自专业的领域。在合作模型中，各专业专家都应该在其专业领域内获得授权，无须其他专家的同意就可以修改参考模型。如果每个人都能从各自定义好的学科内提出修改，那怎样才能明确地定义建筑师？当然，建筑师可以完成很多工作，但我们要考虑：主创建筑师或设计者，谁的地位在初始概念的定义和发展中更重要？出于实践原因，我把署名建筑师及其团队视为一体。设想一个设计前期的专家群体，群体里的成员通过原BIM或类似的实时数据交换技术来交换数据，每个人都被授权在其专业领域内变更原BIM参考模型。

　　在这样的情境下，对于之前被称为建筑师的艺术家们，具体的职能描述是什么？数以百计的具体工作等着人去做，一个人或者是一个包含了署名建筑师的团队可以担任这些具体工作中的某几项。根据我的实践，我认为署名建筑师要完成下列工作。新型建筑师以简单的几行脚本展开设计概念，通过图形界面脚本，概念被一些基本参数值量化，图形界面脚本与将设计概念各方面定量的相关外界数据直接联系。在完成任务的过程中，新型建筑师需要其他专家的积极参与。这其中包括客户的财务专家，以便为设计者尽可能早地提供实时的相关信息。还要有数控设备生产商的参与，因为他们负责提供正式的基于其他专家的精确预算数据。数据必须是可验证的，因为所有专家不仅要为定性和定量的数据负责，也要为他们的财务逻辑负责。所有与几何相关的内容都要由建筑师负责。我的意思是所有一切，包括结构的形状、所有设备的形状。当任何一个几何形状出现争议时，负责的只能是定下形式的专家。工程领域的参与者必须计算出在作为流动的空间、结构部件或空气导管的形体内气流的数量性能和有效性。这些事物的几何形状属于造型设计师的责任范围，计算则属于结构设计师和气候设计师。在建筑实践中，20%～30%的预算用在气候调节设备上，它们的形状通常不由造型设计师控制，且反而常常背离造型设计师的设计。

以下是我能想到的最直接的定义。在以前，形状和概念是建筑师主要负责的领域，性能和计算是工程师的领域。而现在需要再次强调的是，几何形体和计算要从一开始就在各种可能的方面建立双向联系，把造型师和运算师转变为富有创造力的设计者，一个设计形体，一个掌控数字，二者同样重要。这个直接的工作定义涵盖了设计过程的方方面面，这种定义能够带来更好的学科整合。

把设计者称为风格专家（stylist）通常带有一些负面含义，就好像所有的设计师都只会一种风格的外立面装饰。事实上，在网上搜索"stylist"一词，第一个条目是发型设计师。然而，保证风格专家对于包括空气管道和重力结构等一切有几何外形的事物的权威性和决定性的发声，会极大改变对风格专家扮演角色的尊重程度。一切有形状的物体都有风格，不存在没有风格的物体。因此，风格专家必须被准许转变为受尊重的专家。假设设计师以苛刻的方式赋予建筑形体风格，这个方式包含了气流流动的方式和力学贯穿结构的方式，这种做法与汽车设计师赋予汽车形体风格的做法不约而同。在这样的基础上，我们可以说，以前作为建筑师的专家回到了正轨，探究设计的基本。

2.14　使结构与建筑同步

建筑和结构之间的融合自然而然地带来一种激进装饰新方式。为了实现这种新的装饰方式，必须实施一些激进的设计概念思想。在"驾驶舱"项目的结构和建筑形式设计中，我们选择使结构和表皮组件的尺寸相对应。需要强调的是，这与通常的建设做法相矛盾，但是这仍然是基于直接的建筑逻辑和实践的解决方案。最长的构成"驾驶舱"三角形网架的杆件构造约4.5米，这在承重结构中被视为非常小的尺寸。通常的柱网尺寸是7.2米，有时会更大，例如网格必须能够容纳停车位的时候，通常选择8.1米的柱网。现实中99%的建成建筑的立面幕墙系统都作为二

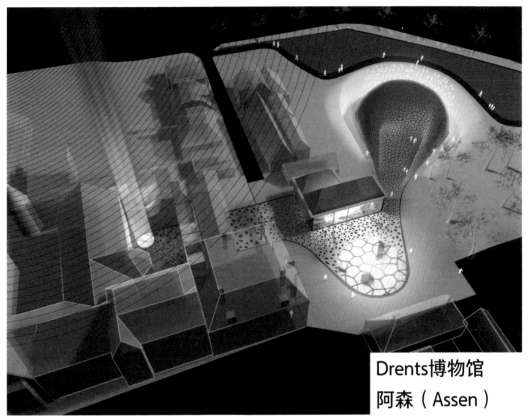

Drents博物馆
阿森（Assen）

ONL [Oosterhuis_Lénárd] /A&C/Technip

2007

级结构以更小的尺寸附加在柱网之上，支撑可透视的玻璃面板和/或不可
透视的防护面板。因此造就了结构和立面幕墙系统之间的分裂，类似于
城市设计中功能的分裂，也类似于现代主义建筑功能的分裂，这些都是
基于大规模工业化生产的逻辑。

　　如同其他的非标准设计项目——北荷兰Web馆、声屏障项目、CET
和纳赛尔总部大楼，在"驾驶舱"的设计中，我的工作室采用另一种有
许多明显优点的方法。结构系统和立面幕墙系统融合为一体，玻璃和拱
肩镶板的尺寸与主承重结构的尺寸是同步的，这就带来了比通常更大的
玻璃面板尺寸和比通常更小的结构梁尺寸。这样就可以在玻璃和其他覆
面材料尽可能大的尺寸中找到钢材和玻璃二者尺寸的平衡。设计的原则
就是收缩建筑钢结构斜交网格使之符合泵送玻璃的尺寸。非标准设计允
许尺寸的参数大范围变动，所以在结合非标准设计方法时，钢材和玻璃

的各个组件的尺寸允许在固定的可能尺寸范围内变化。主体结构和立面幕墙系统之间的动态同步过程是非标准设计时代的特质，也是ONL设计的重要特点。装饰就是这种方式下自然而然的结果。装饰和主架构以及幕墙系统是同步的，因为它们来自同样的遗传起源，基于通用节点的地方标准的概念。

2.15　新建筑类型

近代史上，硅基事物代表了"新自然"，有很多交叉转换例子——融合设计的一种形式。一个事物同另一个融合，这会为产品领域带来新事物。举个例子：把轿车和小货车融为一体后就创造出了多用途汽车MPV（或者在美国众所周知的越野车SUV）。这个特殊的交叉转换的融合在25年前才由雷诺的Espace车型带入市场，现如今各大品牌的市场部都有若干多用途车型。这个融合无疑是进化成功的典型案例。

我的一个设计策略就是直接把以前不相关的主题或对象合并成为一些奇怪的新事物，变成一个有待被快速进化检验和平衡的交叉转换的新物种。嵌入声屏障内部的"驾驶舱"带来了新建筑类型的定义——可延伸的居住声学结构。虽然已经有了建筑和声学墙结合的案例，但是它们更像一个混合结构，并没有融合成为新事物。在一个混合体内可以清楚地追溯出组成部分，但是在一个真正的交叉融合中会诞生一个全新的形象。可预见的是全新的融合物种最终会像良性病毒一样传播，因为它在当今社会中会受到一系列社会因素的欢迎。这种融合代表了基础事物的多种用途，代表了可持续性，代表了效率，代表了创新。当然，这可能要花费几年时间，专家顾问和权威群体才会把这种交叉转换纳入他们的总体规划之中，这是新物种找到肥沃土地的必经阶段。

019　TRANS-PORTS的手绘空间

M. 富克萨斯邀请我们为2000年威尼斯建筑双年展的意大利馆中一个15米×15米的房间设计一个装置。1999年我们发现了一个软件并被其吸引，它可以让我们编程一个建筑结构，就像我们在1999年的建筑实验室

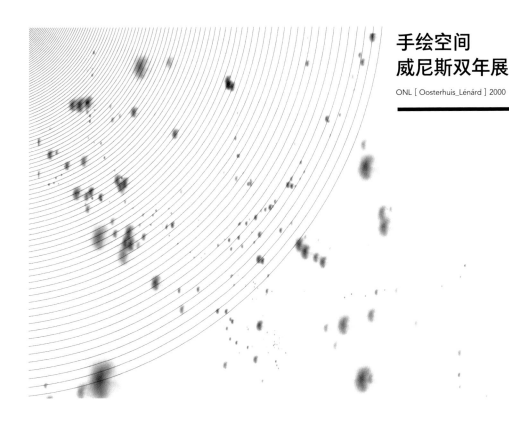

手绘空间
威尼斯双年展
ONL [Oosterhuis_Lénárd] 2000

会议的视频中模拟的Trans-Ports项目。我们的一个实习生，来自法国的里奇·波彻（Rich Porcher），向我们展示了一个软件Nemo——一个游戏设计平台，这个软件使用起来很容易，因为它采用图形工作界面，它比普通简单的编程脚本更容易让建筑师掌握。从ONL项目和超体研究组开始，我们一直使用Nemo软件（之后更名为Virtools，再后来被达索系统接管后又改为3DVIA）。

在威尼斯，伊洛娜设计了Trans-Ports可以切换三种模式的互动绘画。她制作出一个直观的三维草图作为成千上万从草图的轨迹中不断发出的微粒的载体。公众通过在三个投影屏幕之间的活动范围内走动实现与三维草图的互动，每个屏幕都提供不断变化的环境的三维视图中的一个视角。来回移动意味着点的大小会变化，这会改变微粒的数量，也会改变微粒宇宙的颜色。这样来回移动相当于改变了由Nemo软件实时处理的参数值。

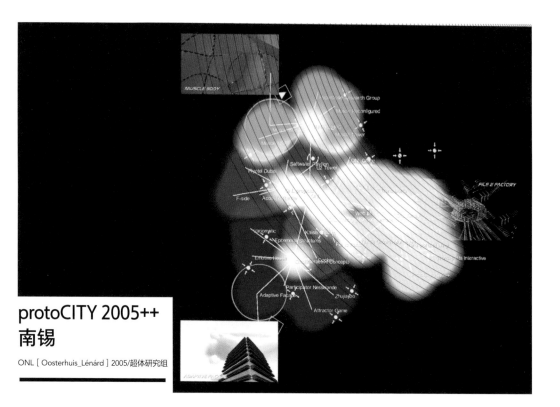

protoCITY 2005++
南锡

ONL [Oosterhuis_Lénárd] 2005/超体研究组

020 原城市2005++

　　20世纪80年代末，我们宣布艺术和建筑在数字化平台上的融合，之后我们受邀参加了许多可以详细阐述我们愿景的竞赛。简·路易斯·莫邦特（Jean Louis Maubant）是南锡（Nancy）展览馆"维尔斯大道"（Avenir de Villes）展览的策展人，她邀请了艺术家和建筑师来参加展览。我们设计了一个在圆形区域内开展的游戏，公众可在区域内嬉戏。通过踩踏或者靠近柔软场地内的标记，人们可以吸引、旋转、击退和打散彩色多点，每个点都有一个关联的声音标本［从路易吉·诺诺（Luigi Nono）的作品中提取的片段］。因此，选择点也是在构建音乐片段。因为声音样本总会有新的组合，所以音乐不会重复。每个点代表一个ONL项目。只有在这些点被推到外围时，该项目的相关图像才会显示。公众，尤其是儿童，会在一段时间后发现它如何工作，还会有意地把点带到外围，这样就能显示出项目了。通过色彩和声音的引导玩这个游戏是很有趣的，同时这也能作为ONL作品集的浏览器。这个项目展示雕塑建筑设计策略，建筑既可以是有自主性的雕塑，也可以是适宜的功能性建筑，就像"雕塑城市1994"。在项目原城市（protoCITY）2005++中，互动以同样的方式得到映射。互动装置被视为自主性艺术的一部分，也是一个完美的多功能浏览器。

2.16　艺术与建筑的融合

　　20世纪80年代末，我同伊洛娜·勒纳一起走上了不妥协的艺术和建筑融合的道路，这都依托于数字平台，从此我们发展了激进的理论，也在很多项目中实践了理论，其中许多都建成了。我们开始将炫丽的画作投射到住宅体系中，完全覆盖它们的立面。我们发展了艺术和建筑融合的激进案例，艺术和建筑都要遵守两个主要规则。第一条规则是将建筑和艺术置于同样规模，因为我们认为艺术不是建筑体量上一个珍贵的小小胸针，艺术作品应该至少覆盖包裹着空间结构的外表面。第二条规则更加突出艺术和建筑的传统范畴。我们认为两条准则应该在相同的预算下运作。艺术不再是100%（使用预算）的建筑中的1%（预算）。从那时起，将是100%预算的艺术和100%预算的建筑融合在一起。在早期的设计假设将她的艺术作品和我的建筑作品完全融合后，这个大胆而富有挑战性的声明在1994年的雕塑城市项目中到达顶峰。在海牙Dedemsvaartweg的为天井住宅（Patio Housing）设计的"炫目的绘画"（Dazzle Paintings）（1990），在阿默斯福特Kattenbroek的温室项目（De Kassen）（1991），在格罗宁根（Groningen）Hunze的"舞动的立面"（the Dancing Façade）（1992）之后，这些雕塑建筑新样式在我们充分实施项目的实践中接踵而来，并在我们的实践中充分展现。位于内尔蒂扬斯的盐水亭项目和北荷兰Web馆项目分别建于1997年和2002年，从此一种新的实践诞生了。21世纪前10年，雕塑建筑的概念已经受到建筑师的广泛接受和赞赏，不久又被盖里和哈迪德等建筑师推广，被一般建筑师普及。毫无疑问，"病毒"实现了传播，进化战争获得胜利。雕塑建筑艺术的一个流行副产品——"标志性"建筑一词就是在这一时期出现的。

雷诺ESPACE MPV

wikipedia.com

　　作为艺术家的一个必备条件，是其对预算有充分的控制权。当艺术家得到委托以后会得到一些资金，然后就要负责创造出与这些资金价值对等的艺术作品。客户和艺术家的契约建立在信任的基础上。当艺术家和建筑师在一个团队中组队，尽管他们各自的工作路线与其他专家的工作路线复杂地交织在一起，但是二者都要对各自获得授权的分工部分负责。这种各类规则交织在一起的组织模式反映了先进的设计方案的复杂性，自然就产生了一个副产品：在这个严肃的游戏中玩家的态度——在更大的设计团队中，他们很容易成为活跃的成员。信任是必须的，成员们在基于信任基础的契约框架下协同工作，他们信任其他专家能够在其知识和能力范围内做到最好。新的契约框架必须发展以便促进新型设计者的新角色，这是工作的进化。建筑行业近年来的发展使以下部门承担更多责任：DBFMO（设计、建造、资金、维护和管理）联盟需要在25～30年内对整个企业全权负责。DBFMO契约中的领导部分通常是财务实力最强的一方，比如较大的承包商。我将其视为新型非标准建筑师的一个任务：声明自己在契约中的地位——对一切与风格、形状、几何形体以及概念相关的事物都要有资金权利。在大型团队合作中，我们要在彼此信任的基础上工作，只有具备了专业知识，才能完全有能力运用并对资金负责。如果你是真正的专家，你就知道你在做什么、为什么做、怎么做以及这么做的费用。艺术家知道这一点，新型建筑师也知道。

2.17　标志性

　　雕塑建筑的概念比以往更加活跃，除了近来复古主义的激进分子雷姆·库哈斯所做的一些负面影响让人质疑署名设计方案。他想让现在的设计精神回到过去的做法是无力的尝试，时间会证明他的判断是错误的。显而易见，艺术和建筑已经成功融合，新的类型已经出现。他别扭地试图为自己在处理非标准化复杂性的不安做辩护，库哈斯已经宣称标志性设计是建筑的耻辱。但是在这个声明中，库哈斯对"标志性"这一术语使用了错误的定义。"标志性"这一术语本身与建筑具有的复杂几何形体无关。一个完美的立方体可以是标志性的，一个有圆洞的立方体可以是标志性的，一个OMA结构也可以是标志性的。库哈斯使用民粹主义的方式——发表过于简单的声明，例如将"标志性"一词同曲面特征线相关联，但二者显然彼此没有联系。声明这种关系存在似乎与先前描述的融合技术有些相似，但是真的不一样。将标志性和曲面特征线组合并没有附加值，相反它失去了意义。这让我们的语言混乱。我看不到这种混合体的丰富性，它是一种让设计者倒退的副作用行为。这不正如库哈斯的第一部著作《癫狂的纽约——给曼哈顿补写的宣言》（*Delirious New York, A Retro-Active Manifesto for Manhattan*）的副标题吗？我记得当时我十分不赞同他在代尔夫特理工大学演讲时的倒退的立场，

**库拉索(CURACAO)
太空体验中心**

ONL [Oosterhuis_Lénárd] 2009

我十分遗憾（这个感觉随着时间推移愈发强烈），他将许多年轻的设计师误导至行将就木的现代主义倒退的道路上。库哈斯不仅错误地定义了"标志性"，还显示出对世界上已建成的有限数量的标志性结构毫无了解。特别是在阿联酋，我预估每1000栋建筑才有一栋能够被视为接近库哈斯所理解的"标志性"，只有一栋！提出反对标志性的声音有意义吗？或者他个人的对基于大规模定制规则下新的复杂性的抵触能证明是对的吗？

任何细心的建筑师近来都会自然而然地利用工业化定制的新潜力。一个处于2010年的富有活力的生活中的设计师不会怀念大规模生产的时代。那是没有必要的，显而易见它也不能引领我们的社会前进，甚至不会引领基本部分。事实上，雷姆·库哈斯一直试图淡化"标志性"一词，他也成功引领一些建筑师走向平庸的民粹主义的死胡同。在建筑史中，库哈斯作为一个现代主义的保守派和怀旧的后现代主义推手而被人们记住，虽然他很有影响力，他在建筑领域开创性的作为感染并吸引了一批仰慕者和追随者。20世纪70年代他建议他的学生阅读享乐主义的小说也并非完全偶然。《源头》(*The Fountainhead*)（1943）一书的作者艾茵·兰德（Ayn Rand）就是一个臭名昭著的保守派作家和资本主义客观主义哲学家。

2.18　原风格

　　概念设计师必须对风格有所见解。在网上搜索"造型"一词，出现的前10张图片都是发型，其次是室内造型。搜索"形体造型"，汽车造型首先出现，要不就是优化或者往主体上增加饰物，但就是没有关于建筑体基本造型的。我在这里将其作为重要的内容来介绍，并且我倡导一种深入的、情绪饱满的建筑形体造型。造型需要一个主体来承载，正如有头发的躯体，或者是车身。术语"造型"常用来表示一种事后的效果，赋予已有的头发或是车身以风格。因此我认为有必要说明造型进一步的意义，并提出了术语"原风格"（protoSTYLE），这意味着在塑造形体且尚未建成时要运用与风格相关的形态手势，即在三维中建立形体模型时使用个人的风格元素。

　　在这些段落中我会说明自己实现建筑形体"原风格"的专业方法。我承认"原风格"的主题作为ONL方案中建筑形体的主要设计元素花费了我很多时间。我的主要兴趣点在于特征曲线的精确轨迹，因为它们使参考点的点云条理清晰，参考点是构成设计的基本元素。我的注意力通常关注在以下方面：特征线渐出和渐退体现出的动势，折痕线条富有表现力的特性，形成我个人设计领域边界的"动力线"，镶嵌物，建筑各组成部分平缓嵌入并共存的状态，建筑构件之间力量的传递，"动力线"和折痕线条的延续，表皮由凹变凸的转化，从光滑到有棱有角、从平面到双曲面的变化。我的注意力集中在建立惊人的悬挑，集中在实现材料和细部的统一。一座建筑、一处细节，都是信息，同样也是选择风格时首先要考虑的问题，因为它无可争议地成为创新设计和建筑技术的关键因素。接下来的篇幅中我会探索ONL项目中所应用到的大量"原风格"观点，它们从设计概念的开端就非常活跃。

2.19　特征线

　　汽车设计师在开始工作时通常会绘制强有力的特征线来表现车身特性，或强劲或优雅，以强化肌肉感或速度感。特征曲线的弧度反映了车身的情绪特征。让我们仔细看看近年来的车身侧面和前端的线条。在标志201到208车型的进化过程中，车身侧面和前端连接成一个整体。车体的发展进程中侧面、前端、尾部、车顶不再是分开的设计。事实上，现在的特征线往往是连续完整的线条，从尾灯到侧面到前挡板到前灯再到保险杠，贯穿车身。通过对比曲线的个性化处理方式，可以看出设计者在三维中绘制弧线草图时的所思所想。分析新雪铁龙C5的造型并对比克里斯·邦戈耳设计的宝马车型的造型，可以理解特征线如何使形体的体量活动起来，可以理解造型的态度对形体的情绪化特点有什么影响。

　　雪铁龙C5侧面的三维特征曲面充满紧凑感，它就像一个三维的拉紧的拱，可以在上面和侧面看到，像猎豹跳跃前积蓄力量。宝马的线条是直线，从侧面形成更富有进取性的高速切割空气的楔形。相比宝马，C5传递出不同的信息，紧绷的拱形产生对速度的保证，在跃起前建立紧张感；而宝马传递的是切割周边气流，正在高速运动的感觉。不再生产的沃尔沃S60车型，展现的是另一种有趣的三维曲线车身造型方式。它的线条并不明显，但是更多是一种软性的、塑性的力量，促使整个形体成为一个圆润的弧形拱。弯曲的体量以一个圆润弓形脊状突起连接了前后车轮，因此使四轮的驱动力内在化，以表现坚固性，尽管现实中并不是四轮驱动的。传达的信息是内在的力量、文明的力量。事实上，汽车设计者经过训练对曲线及情绪化表达形成了个人见解。同样，建筑师也要对曲线有见解，但是要先意识到：建筑造型设计者首先需要一个形体去承载他们的设计。奥斯卡·尼迈耶（Oscar Niemeyer）向我们展示了一种方法：他将自己对曲线的见解反映在混凝土结构上。现在，信息化建筑师需要发展个人对曲线的设想，以适用于大规模定制的建筑形体以及由钢材、玻璃、复合材料或其他材料制作的可以由电脑数控生产的建筑构件。

谢赫扎耶德路迪拜

skyscrapercity.com/

伊姆雷·索尔特（Imre Solt）摄

2.20   我的个性化曲线

尼迈耶的曲线来源于自然，提取了里约热内卢（Rio de Janeiro）多座山的轮廓，反映了科帕卡瓦纳（Copacabana）海滩上女性躯体的轮廓。尼迈耶从观察到的自然曲线中抽象地绘制出他的曲线，然后将它们延伸，以表现建筑的全景。在另外的线性函数语法中，他的曲线以直线段结束，而中间段通常是以普通的方式弯曲，如同以一定的角度置于两端的直线部分之间的丝带。巴西利亚国会会议大厅的轮廓末端是直线，巴西利亚大学两条平行的弧形酒吧每边以两条直的支架作为结束。这是他的专属曲线，他的特征线，尼迈耶设计的弧线。没有人能复制他这种简单而有力的曲线弧度，因为其他人不具备他那种情感体验。

如果曲线是个性化的，那么我必须问自己：我的个性化曲线的本质是什么？事实上，我对曲线有自己的见解，我一向赞同尼迈耶终止曲线的方式。但是在20世纪90年代中期，我选择让我的建筑形体对立的两极能够更精确地控制。我并不希望我的曲线以类似尼迈耶那样——放松的线条——的方式终止。我的曲线就好像被两端强大的力量强有力地紧紧拉着，使曲线稍微但不完全变直，恰好能够唤起肌肉的紧绷感。从集合角度来说，更像是以切线的方式变为直线结束，而不是以完全直的冗长的线条结束。同样，ONL项目的中间部分也不是单纯的三维线条，它们在三维中以更自由的方式弯成弧形。三维轨迹以更加复杂的方式表现。从不同角度看，它所表现的也不同。弧线塑造的空间中轨迹，不是一系列平行的曲线，而是沿着三维轨迹平滑地发散和收敛的曲线，以此塑造出他们所描述的体量，并被收束在两极。我的曲线并不由我先入为主的想象所控制。如果不在三维中描绘，我无法在大脑里想象出精准的曲线，它无法在平面的纸张上被绘制出来。我只能在三维中塑造出曲线并展开思考。因为尼迈耶无法接触到计算机，所以他唯一的选择是：在头脑中控制曲线，通过手的移动，将它在纸上落实；而我可以利用电脑的运算能力，使自己有极大的潜力，通过三维空间中无重力的导航绘制各种可能的曲线。绘制曲线的潜能数以千倍地增长，但并没有让"原风格"的工作变得更容易，而是更有趣，更具挑战性。我不得不深入时间和空间的各种可能性中进行探索。作为一个专业的、经验丰富的"原风格"者，我必须依靠知觉寻找方向，并在空间探索的过程中把个人对曲线的理解转变为最终的行动。我知道，一个由强有力的弧线力量定义的建筑形体是可以实现的，因为我知道通过数字化驱动制造的方式可以直接将其转变为现实。如果我对这些新的定制化数控生产技术不了解的话，我也不敢发展自己的三维曲线理论。

2.21   从康定斯基到贝塞尔

康定斯基（Kandinsky）对曲线有见解，在他1929年完成的预言性著作《点—线—面》

（*Point and Line to Plane*）中，他提出了一种科学的方式看待专业绘画的基本组成部分——点、线、面。他认为点是绘画的原始元素，并评论了点的自容性稳定。他认为线是点（绘画的原元素）最大的对立面。他声称线代表了从静态转变为动态，线代表了运动。对于康定斯基来讲，甚至直线也代表了运动。他将曲线视为因为受到周围持续的或积极（向上）或消极（向下）的压力而偏离方向的直线。因此，他认为曲线是直线的变形。但我有不同意见。事实上，我把直线看作信息极少的曲线。我从高一级的层面到低一级的层面看一个线条，这是居高临下的地位。从这一点来看，直线是所有可能的曲线中最没有控制的。我把直线设为一个无限长的参数绳，决定了曲线上无数点的无数个参数都被限制为相同的一个值，于是就将曲线拉直成直线。

　　数学中对线段的定义是两点之间的最短距离，它是平面视角下的线。在空间视角下，线段是弯曲的表面上信息量缩减得最少的线条。同样，平面可以被看作任何拓扑双曲面的映射。球体是体量可能性最小的，并且最大限度地缩减了配置信息。我将球体看作信息量极少的体量，无数的点被设定为同样一个数值。完美的球体是唯一的例外，是空间内集聚的大量的动态点。现在有了更先进的数学描述方式，康定斯基也意识到了这一点。现在人们围绕样条线、B样条线和贝塞尔曲线的概念开展工作，这些在康定斯基的时代都是不为人知的。举个例子，为了描述贝塞尔曲线，人们要在可见轨迹之外设想一个顶点和把手，通过吸引或排斥影响线条的轨迹。1959年在雪铁龙的保罗·德·卡斯提尔（Paul de Casteljau）和1962年在雷诺的皮埃尔·贝塞尔（Pierre Bezier）首先将样条线运用到车身设计，贝塞尔已经发表了这些弧线曲率的参数。贝塞尔需要曲线的新定义，以促进对弧线和双曲面的光滑度的控制。车身设计中弧线往往十分接近但不完全是直线。对微弯曲线的控制一直是引导贝塞尔曲线发展的重要动力。对微弯曲线的控制对我来说是重中之重，因为它将精准度和巧妙性带入设计过程，在此之前，这都是未知的。在我们设计有着嵌入式"驾驶舱"陈列室的A2高速公路的声屏障时，精准度是我们关注的重点。与设计者从屏幕上查看不同，汽车以120公里的时速经过，随着高速公路的延伸，驾驶员对曲率的视野是伸缩变化的，视野以一种积极的节奏逐渐展开。新技术为可延伸变化的弹性线条增加了灵敏性，设计者要适应新技术，也要将速度内化在心中感受曲线。

A2高速公路声屏障

ONL［Oosterhuis_Lénárd］2005/
卡斯·奥斯特豪斯摄

52°06'46"N
5°02'39"E

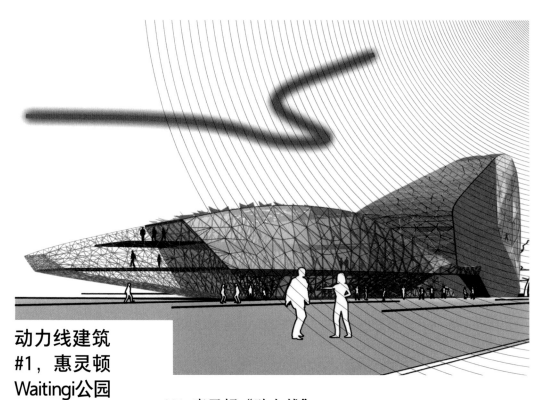

动力线建筑
#1，惠灵顿
Waitingi公园

ONL [Oosterhuis_Lénárd] 2005

021 惠灵顿"动力线"

我们直接从伊洛娜·勒纳凭直觉快速绘制草图的方式中发展出了"动力线"策略。动力线显然是一条充满力量的线：在应用于大规模建筑体塑造时，它产生能量。因为动势跟随着空间中的曲线轨迹，动力线也被弯曲。当利用三维数字化描绘出动力线的草图，它如何工作就变得很清楚了。在描摹线条的时候，三维数字化软件会列举出各个点经过筛选后的数字（参数值），使得动势和空间内一系列点的位置吻合，之后这些点会被用来定义样条曲线，样条曲线会贯穿这些点。

在惠灵顿Waitingi公园发展方案的国际邀请赛中，我们确定：动力线要担负起建筑的脊一样的作用。我们将餐馆加上攀岩墙的复合体量沿着弯曲的脊调整。动力线样条线成为未来设计方向的参考线，成为所谓的母线。当改变母线（规律曲线）的轨迹时，整个体量随之改变，因为它跟随着脊的样条线。在惠灵顿的设计中，我们选择了将脊置于体量的外部，这使我们可以在设计过程中控制建筑的轮廓。我们在Waitingi公园发展方案中的另外两个建筑上也运用了同样的技术，从而构成了一个强大的建筑形体的群体。

022 CET "动力线"

　　CET代表的是"欧洲中部时间"（Central European Time），同时CET在匈牙利语中为"鲸鱼"，这也是为什么公众给我们的设计起的别名叫"玻璃鲸鱼"。在出版物中，CET的双关语数不胜数，多数是积极的，因为它的形状和名字都是与庞大却柔软和友好的事物有关。布达佩斯的CET商业文化中心设计方案就是基于一系列标明了建筑的轮廓线和折线的动力线。顶部的色彩从项目轮廓的一边延伸到另一边。动力线从入口向上延伸，从两个现存的翻修过的仓库中间延伸到建筑体后部，转了个弯一直到地面，沿着指向下方的背部形成雄伟的悬臂。在侧面有两条动力线，一条主要，一条次要，不过两条动力线都遵从同样的逻辑。上边的折线是旧建筑屋顶顶端的延伸，下边的一条折线则是旧建筑屋顶天沟的延伸。CET方案的形体平面图充满了对称，像汽车形体，像脊椎动物躯体，也像消费品的形体。动力线与现代汽车个性化设计中的"特征线"功能相似。我们为动力线选择的曲率通常以正切结束，动力线总是在不停止的变化中渐隐。这就是我们对曲线的思考，并将之作为设计中深思熟虑的一贯策略。

CET
布达佩斯

ONL [Oosterhuis_Lénárd] 2007

**议会大厦
巴西利亚**

奥斯卡·尼迈耶2005/

卡斯·奥斯特豪斯摄

2.22　个人风格

　　任何多产的设计师都会发展出个人专有的风格。著名建筑师发展出的特殊的造型元素，他们有权将其称为专属的，从进化的意义上说，虽然他们的个人风格也是来源于其他或更早的设计者的设计策略。设计师只有创造出专属的个人风格语言才能脱颖而出，才能被认为是特点鲜明的"原风格"设计师。对于全新的、几乎无人涉及的非标准建筑领域，自诩非标准化设计师的风格特点是什么还并不明显。我只能说我自己（的风格），并将自己感兴趣的东西与其他人的作比较。

　　设计C5轿车的年轻设计师多马戈·杜克（Domagoj Dukec）提出了一种特殊的造型元素，这些元素遍布每个细部，从仪表盘到门把手，从前灯到尾灯。这些造型元素的形状像是一些类似风格固定的手枪，或是指方向的手，或是鸟的翅膀，或是类似飞镖形状，（元素的形状）由大量接近锥形的形状和纤细的指针组合而成，它们的边缘都是圆滑的。这些参照物或许离题万里，或许不够准确，或许不是建筑师思考的内容。但是它们明确地表达出对内置运动感和攻击性的流线型形体的追求，以及对拥有动态矢量的形体的追求。

　　我无可避免地会反思自己的个人风格元素，常想起众多案例中的U2塔。定义U2塔背面的脊线曲率的张力是非常复杂的，有变形和偏斜，还伴随着腋部的扭转。动力线沿着会议中心玻璃顶的顶端向下弯曲，到达一个点，在这个点，水平的会议中心部分将转换为垂直的塔，形成一个尖锐而圆滑的U形转弯并向上且微微向前弯折，以表现塔楼的背脊，一路到达U2录音室所在的尖端部位。

2.23　请不要用那个B开头的单词

　　尽管不情愿，但为了避免误解，我必须讨论一下那个让人讨厌的B开头的单词，在本书里就这一次。1958年的电影《变形怪体》（*The Blob*）介绍了一个外星生物，名为Blob，它没有形状，可以穿过最小的钥匙孔并吞噬一切。这个外星怪物代表了对资产阶级生活的终极威胁。只能通过极低温度的冷冻才能摧毁Blob。这也并非完全巧合，正是格雷格·林恩在其著作《褶皱、身体和斑点》（*Folds, Bodies & Blobs*）中提出的，被描述为活跃的，但事实上却是僵化的难以名状的斑点状的东西。林恩使用动画软件驱动曲面形体，然后冻结它们的运动。结局肯定是林恩乐于消灭外星生物，就像老于世故的得克萨斯牛仔一样。但我更喜欢马科斯·诺瓦克对待外星人的态度。他欢迎外星人，故意创造外星人，以使自己和观众惊奇。这让我面对一些新的出乎意料的事物，并激发我去提升。想想看，在1968年斯坦利·库布里克（Stanley Kubrick）的《2001太空漫游》（*2001: A Space Odyssey*）电影中，猿遇到了超级光滑的巨型外星人之后变得更加聪明了。

　　从外界进行表面化的观察且不受事实影响的话，人们可能会发现ONL项目和林恩的斑点状动画形象是相似的，但事实上我更加赞同诺瓦克的外星人。ONL绝对不会设想并产生难以名状的斑点状物，并且有很好的理由解释为什么不会这样。Blob这个单词有另外的一个真正含义，在计算机体系结构术语中，Blob是Binary Large OBject（二进制大对象）的缩写，表示一个装满数据的包，却不知道包中到底有什么。而ONL明确知道都是什么数据，因此并不会设计出这个意义上的Blob。"Blob"一词还有一个大众化的含义——一个边缘平滑的、形状有些随机的、立体的墨水斑点，魔豆生物，流线型的马铃薯，像是蓬皮杜中心雅各布·麦克法兰的餐馆。这不是ONL和超体研究组会做的东西，他们做出的体量被视为独特的工业产品，这些产品对形体塑造十分注重。仔细审查不会放过任何一点，人们从各个侧面以不同的角度观察和检验这些形体。真正的非标准建筑形体不是设计者如软件初学者那样自我陶醉般在三维工作室或犀牛软件中做出的随机结果。非标准化专家远远高于这个层次。Blob是愚蠢的仿制品，而非标准建筑则是"原风格"专家。当我在你身边时不要使用这个以B开头的单词，否则我会认为它是具有攻击性的，并且我会发脾气。

雷诺Caravelle

renaultcaravelle.com

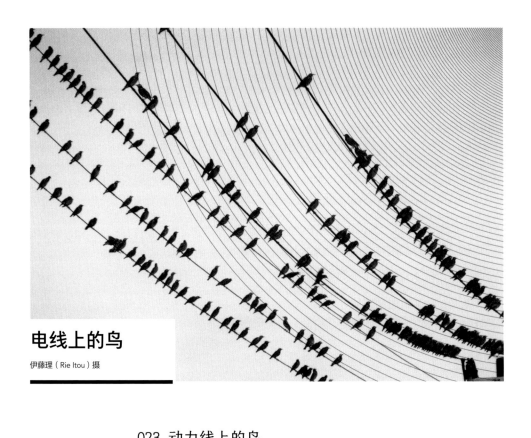

电线上的鸟

伊藤理（Rie Itou）摄

023 动力线上的鸟

"动力线"最初的含义当然就是输电线，将发电机上千伏特的电力传递到工厂和家庭。但是我们用"动力线"一词象征特征曲线所具有的力量——一条"高压线"，特征曲线会影响其所塑造的形状。当鸟群有组织地落在动力线上，它们仍然是一群鸟。它们就像是群体中遵守简单规则的演员，正如克雷格·雷诺兹提出的计算机化的类鸟群理论。它们朝着相同的方向（极少数落在相反的方向），它们一直和旁边的同伴保持着默认的距离，一直试图靠近群体中心。但也有一些参数被设为0，也有信息丢失——鸟群没有任何速度，它们纹丝不动。这是因为鸟不会和同伴实时调换位置。有趣的是它们仍然是相同的群体，遵循相同的规则，但是现在是从上往下传递信息的"动力线"。这就是我们赋予"动力线"的能力，我们的特征线组织了参考点点云中的点，被用来定义建筑形体。特征线对于点云来说是一股外来的力量，将能量作用在成群的点上，使它们沿着"动力线"，按照定好的距离排列，描述一条光滑但有力的B样条曲线，旨在让它像躯体的脊柱一样工作。

雪铁龙C5
特征线

carbodydesign.com

024 雪铁龙C5特征线

　　电力线路是被动的，它们被挂在电线塔上。但是建筑的动力线和汽车的特征线是有生命的线条，它们包含了拉紧的弓的力量，豹子在跳跃前弓起身体积蓄的力量。C5的特征线暗含了力量和速度，它传达出这样的信息：力量释放后会转变为速度，就像猫追击猎物。在所有艺术家对车身的印象中，尺度都是略夸张的，车轮超大，车身更加性感，车窗比实际更小，因此设计意图显而易见。从前轮开始的特征曲线强调了前轮将传动系统的力量传递到沥青路面。特征线绕开了后轮直接与尾灯连接，特征线引起的折痕直接传递到尾灯上面。在这里，车体的各个零部件之间建立了复杂的联系。尾灯（还有前灯）有很多造型特点，这些特点在C5造型的很多组件上也有，这不是单一的形体，而是一个混合的形式，有一个主体和一个指针，像指方向的手指和手，像一把枪，以在单独的组件中引出方向感。尾灯转过车身转角并紧紧抓在车身后部，将所有组件统一为更大的整体。独特的中空形后窗也融入统一造型的汽车尾部。

2.24　构建新型建筑框架

　　在政治领域，框架建构（framing）是一种技术，用一些强烈的简短幽默的评论传递信息，且不容异议。对确立的框架提出异议意味着将敌对意见带入处处提防的环境中，公众也会认为（异议者）是弱势的一方。建立框架的目的是为了压制反对意见，并声明反对是徒劳的。现在突然流行起来的批评伊斯兰教是危险的警告就是政治框架理论的实例。这种方式直接来源于商业广告。在政治中，政治化妆师（美化政治的人）运用这种方法宣传候选人的政治主见。不要天真地认为在建筑行业我们传达的信息是完全中立的、客观的、不受情绪影响的。回顾自己，意味着我需要用专业的方式建立关于非标准建筑的新理论框架才能定位自己。现在，建立框架的方法是为了应对工业化定制和非标准化定制建筑的概念。"blob"和"非标准化"这两个词也与我们（的理解）稍有不同，因为它们本身就带有一些负面含义。那个B开头的单词泛指神秘的危险的外星人、毁灭和对未知的恐惧等。相比之下，当想到我们的双曲面设计时，当想到ICT驱动的采用复杂几何形体的建筑时，我会联想到一些积极的东西。但是建立框架的力量是强大的。当我为自己辩护，声明并不是在制造blob的时候，我就使用了那个B开头的单词。所以我必须完全避免使用那个B开头的单词。对于我来讲，代尔夫特理工大学的Blob实验室（从林恩的书中借用的"Blob"一词）的出现让我受伤，这是对ONL项目伤害很大且适得其反的未加思考的理解。除了这些令人讨厌的词汇的影响力，还有例如M. 富克萨斯和埃里克·万·伊格莱特（Erick van Egeraat）这样的建筑师，他们制作关于复杂造型的投机（方案）图纸，而不考虑文件和工厂（方案和实施）之间的联系，也不会考虑设计方案和数控生产方法所必备的知识之间的关联，并因此阻碍了更多人对非标准化设计的认同与接受。

　　如果我的设计和建筑不是blob，那么该怎么称呼它们？当讨论新的建筑类型时，不仅仅是那个B开头的单词在发挥副作用，而是"非标准化"一词本身。非标准化分析是数学的一个分支，利用微积分方法分析无穷小的数。不过通常来说非标准是指区别于标准或是习惯，而且是在常规之外。问题在于"非标准化"一词表述的是"不是什么"，而非"是什么"。因此，为了传递受框架限制的积极的信息，我觉得需要为"非标准化"找出一个更好的词汇。让我们试试吧！在荷兰语中，我们会考虑"maatwerk"一词，在英语中它的意思是"定制"或是"特制"。但是由于非标准化的几何形体和数控制造之间的关系，定制并不参考数控生产方式，"complex"也不是好的选择，因为听起来太像复杂（complicated）的东西，但它并不是。在我看来，复杂（complicatedness）恰恰与复杂性（complexity）是相反的，复杂性的定义是基于简单的规则。尽管我在世界各地的讲座中不断强调复杂和复杂性之间的明显区别，但是当"complex"一词从它的近义词"complicated"中分离出来的时候，它仍然听起来不是那么积极。如果不是"blob"，不是非标准，也不是复杂的（complex），那到底是什么？或许我们要进入扩大的建筑学范畴，类似于扩大范围的现实，这显然是指与ICT明显相关的日常现实，所谓扩大的建筑学是指通过数字化文化定义并增加附加值。

或许我应该从过去10年中世界范围内讲座的标题中选择一个，例如：规则即例外（The Exception Is the Rule）、密斯过多了（Mies Is Too Much）、速度与摩擦（Speed And Friction）、低能特才者（The Idiot Savant）、集群建筑（Swarm Architecture）、构建关联（Building Relations）、非实时即死亡（If You Are Not In Real Time You Are Dead）、失控（Out of Control）、瞬时建筑（Immediate Architecture）、大规模定制（Mass Customization）、从点云到实时表现（From Point Cloud to Real Time Behaviour）、空间原型建筑（Protospacing Architecture）、动力线（Powerlines）、量子建筑学（Quantum Architecture）、建筑是建造是装饰（Architecture Is Construction Is Omamentation）、冷聚变（Cold Fusion）、形体建造（Body Building）、工具化的形体（Instrumental Bodies）、人工直觉（Artificial Intuition）、工作空间（Working Space）、形体样式（Body Styling）、超体（Hyperbodies）、合称维度（The Synthetic Dimension）、矢量体（Vectorial Bodies）、非标准建筑走向交互建筑的路线图（The Road Map from Nonstandard to Interactive Architecture）、ONL逻辑（ONLogic）、到底什么是非标准建筑？（What Exactly Is Nonstandard Architecture?）。尽管没有明确描述它是什么，但这些标题都是与之相关的也是足以做到的。"新型建筑"的标签提出了新，但未透露内容，这需要读者去寻找。

2.25　感性的造型

不要怪中国人模仿，因为你也有可能模仿了别人的风格。我们发起Trans-Ports项目、我在代尔夫特理工大学发表名为"走向感性建筑"的就职演讲、我们在超体研究组使用由FESTO（费斯托集团公司）提供的气动活塞设计并建成大量的交互式原型，在这些工作完成后的10年里，我在网上看到了克里斯·邦戈耳设计的宝马GINA原型。他在2009年首次提出这个原型，实际上它在2001年就被设计出来了。尽管在克里

《变形怪体》
1958

wikipedia.org

斯·邦戈耳领导宝马设计中心的几年中，GINA是一个被保守得很好的秘密，但是GINA还是启发了他的设计方法。在GINA的启示下，邦戈耳提出了新的特征线特征，使车身内部产生线性力量，使车体表皮外向化，相比以前众所周知的宝马造型更加新奇。他赋予了宝马青春和富有进取心的特点，充满了能量和感性。我会在下一章的可编程建筑中再次谈到GINA，届时我将阐述建筑形体的适应性和主动性。但是撇开GINA内部可以实时调整曲线以唤起情感价值的电子活塞不谈，静止形态的GINA也有完美地唤起情感的潜能，这正是克里斯·邦戈耳希望宝马的汽车形体能够提供的。

在近10年中，汽车设计已经成为定制化情绪的盛行行业，而这个概念是在定制生产之前。在邦戈耳创造GINA的前几年，我在1999年新奥尔良的第一届建筑实验室会议提出了Trans-Ports可编程的建筑形体。我提出的Trans-Ports方案是一个能够实时变化外形和内容的多模式建筑，我在千禧年之前发表了它。邦戈耳可能熟悉这个想法，但是我更倾向于认为这是一个很好的趋同进化的例子。ONL资深建筑师吉斯·约森（Gijs Joosen）对克里斯·邦戈耳的访谈中，有关超体研究组的互动建筑主题杂志书系列的第三个问题，邦戈耳说他相信建筑师思考得比汽车设计师更进步，这令我印象深刻，因为我认为刚好相反。但无论如何他可能是对的，因为实际上先锋建筑师能够迅速吸收新的发展并立刻应用到建筑原型之中。假如能够找到支持他们想法的客户，就可以相对自由地实现他们激进的想法。而汽车基本上是大规模生产的系列产品，因此它会受到更多严苛的市场约束和经历更长的潜伏期。不过，我们现在能在一些汽车的小的系列和短期产品上看到一些转变，电动汽车的推出以及对汽车更高情感的追求也会促进这一过程。计算机数控变革已经进入汽车领域，并可能会加速转移到几乎全部消费品的整体定制范畴。

TRANS-PORTS
V1 建筑实验室

ONL [Oosterhuis_Lénárd] 1999

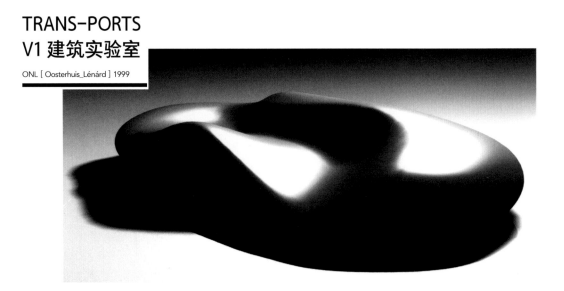

2.26　忘掉底层架空

　　在20世纪80年代后期，我明显意识到建筑需要新的方法，并开始将建筑作为建筑形体进行思考。我在撰写关于在建筑艺术领域实现真正的ICT应具备的需求时提到了新方法，并且发表在1991年OASE杂志的一篇文章中，（在这篇文章中）现代主义建筑师勒·柯布西耶提出的新建筑五点都变得过时了。萨伏伊别墅体现的理论价值已经不再切实可行。勒·柯布西耶不屈不挠地推行他的理论——新建筑五点：独立基础的柱子架空底层、自由平面、水平窗、自由立面和屋顶花园。看看我的建筑形体，它们不会建在架空的底层上，它们都是自支撑结构，并且没有柱子。我的楼板平摊的建筑和楼板起伏的建筑都无一例外地没有柱子，以保证室内空间最大的自由度。柱子会影响结构外壳应对外力时发挥的作用。这一设计方法应用在了以下项目中：BRN餐饮店［1987，与彼得·格森（Peter Gerssen）合作］、埃尔霍斯特/沃德贝尔的垃圾转运站（1994），盐水亭（1997）、iWEB（2002）、驾驶舱（2005），CET（2010）和纳赛尔总部大楼（2011）。鹿特丹地方建筑师彼得·格森告诫我避免使用内柱，而在我开始进行实践时也赞同这一方式（回顾过去十分惊心动魄）。因此ONL中没有柱子，没有底层架空。而自由平面概念也一直适用于我的平摊楼板的设计中，不过，水平窗和自由立面已经变成无关的老旧教条。人们可以轻易地辨别出现代主义建筑师，因为他们一直沿袭并追随着勒·柯布西耶。但是，建筑师应该努力追求建筑、结构和装饰的完全融合，对比自由立面，这种融合实现更大的空间自由度和更丰富的建筑表现形式，而自由立面的概念也注定会一直存在——就像是在废弃的平原中奇迹存活的鳄鱼。在现代主义建筑中，自由立面已经沦为附加在僵硬的梁柱结构之上的纯粹性装饰。屋顶花园也不再有意义，因为这首先要有一个前提——屋顶是平的。平屋顶和建筑形体的概念是相悖的，因为建筑形体的本质特点就是可以随着内部体量的膨胀变化而变动的曲面屋顶。这种说法自然也适用于斜屋顶。

　　我可以用以下几点代替勒·柯布西耶的观点：建筑是一个由独立部分组成的可以自给自足的系统，由复杂的几何形体定义空间，充满了内部和外部的参数。这个设计哲学与处于设计系谱的另一个尽端的勒·柯布西耶的理论有着天壤之别，它与效仿现代主义建筑（的做法）保持尽可能远的距离，这种做法存在于他们的缺陷的本质和可怜的效仿勒·柯布西耶的复制作品中。忘掉底层架空，不接受内部的柱子。告诉自己不要去看依然无所不在的践行前现代主义或后现代主义的同行们扭曲的双眸，他们的思想似乎与我们身边不断变化的世界脱节了，因此他们注定在对20世纪甚至19世纪的怀念中渐去渐远。

北荷兰Web馆
艺术模式
Floriade

ONL [Oosterhuis_Lénárd] 2002/
卡斯·奥斯特豪斯摄

025 北荷兰Web馆：飞船

    飞船、硬壳式结构、无柱、占地面积最小化、庞大的出挑悬臂、折线、建筑形体、电脑数控制造、一个建筑一个细节、建筑是建造是装饰、非标准化几何体、遵从单一规则的复杂性、不可避免的意外、文件到工厂、螺旋连接建筑构件的干式装配、工业定制、当你需要时才出现一个入口、一种新的实践、协同设计和施工、设计和建造、产品设计、特征线、参数化设计、信息化点云、参考点的个人宇宙、编剧、对曲线的多样性包容、交叉融合、雕塑建筑、建筑雕塑、既是建筑又是艺术、非blob、一种建筑新类型、矢量的形体、动力线、激进的概念、细胞结构、原BIM、量子BIM、第二生命、建筑和工程拆开的协同合作、参与、互动的感受、超体的实时行动、集群建筑、工具化的形体、冷融合、不可避免的规则、密斯太多了——上述所有词汇都适用于北荷兰Web馆的设计、工程、制造和装配。Web馆由北荷兰省于2000年委托，由北荷兰文化委员会的提图斯·尤卡里尼（Tituts Yocarini）协助。在2002年的荷兰国际园艺博览会（Floriade）上，它打开了大门，之后被代尔夫特理工大学以1欧元的象征性价格购买，并在2008年作为超体研究组原空间2.0实验室再次启用。

**北荷兰Web馆
建筑模式
Floriade**

ONL [Oosterhuis_Lénárd] 2002/
卡斯·奥斯特豪斯摄

026 北荷兰Web馆：艺术品和建筑

　　当你需要时，它才会是建筑；当不是建筑时，它是一座雕塑。只有当大门打开形成顶盖的时候，北荷兰Web馆才是一个功能性建筑。当门关上时，没有任何迹象表明它是一个功能建筑。没有可见的玻璃窗，它的门在任何产品目录中看起来都不像是门，也没有任何迹象看出这是一座建筑，所以一定是另外某种东西。这架飞船只有真正作为建筑运作时才会显示功能。当建筑关闭时，它就又不像一座能够提供另外用途的建筑。

　　林·凡·杜因（Leen van Duin）是代尔夫特理工大学建筑学院建筑系领导，在一次我们作品的展览开幕式上，他告诉我Web馆对他来讲就是艺术品，当时我觉得受到了冒犯，认为他的观点有失尊重。理所当然，我秉持的观点是：Web馆当然是建筑，它是非标准建筑的图标，是一种新的建筑类型。但现在我认为它既是建筑又是艺术品。这是一个典型的可以转变成建筑雕塑的雕塑建筑。打开门，它是建筑；关上门，它是艺术品。一个简单的顶盖门标志着这种转变。通过此事我们意识到，建筑通过一个开关可以改变模式。Web馆是走向模式可变建筑的一个标志，就像切换电视频道一样，通过电动开关，一个模式可以变为其他模式。

2.27   是的，我们建造飞船

把建筑形体想象成一个承重的硬壳式框架，而不是建在架空底层上有着严格柱网的建筑，这种想法会开辟一个全新的领域，里面有梦想、技术、造型联系、技巧，还有文脉对话。当不再把建筑看作从地面上建起，而视为从失重空间轻轻着陆的时候，大多数旧设计技术不再有效，不再具有传统意义上的坚定性。强大有力的同时，我的建筑形体被视为自支撑的结构，工业化定制生产的产品。是的，我们建造飞船，这艘飞船处在无重力的数字化空间之中，运算就像一股垂直的力量，贯穿结构，模拟重力，为着陆做准备。在概念过程中，飞船的船体和网络进行虚拟连接，通过交换相关数据建立对话，相关数据包含体积、重量、预计到达时间、当地地质条件、气候条件、网站的可访问性，所有这些都由BIM软件进行管理。飞船的着陆点也会为轻缓的着陆做准备，将结构无缝嵌入现有城市肌理之中。

因为所有的建筑构件都是从远处运来，再没有哪一座建筑是用建设所在地的当地材料建成。这曾经是多贡（Dogon）人的光辉时代。为什么不能承认现实、接受事实呢——建筑就是一艘通用的飞船，与基地建立一种特殊的关系，尽管一直讲着来源于起源地的外星语言，仍竭尽全力同当地语言对话。新建筑被定义为"另外的"、移民、异体。全心全意地接受这种事实会改变设计师的态度，并使人们积极接受这种观念——建筑本性是友好的。接受这一事实将激励建筑师在寻求合适的建筑造型时尽可能探寻失重空间中（数字化）建筑形体的概念，并与当地环境进行交流和对话。

2.28   矢量形体

对于像ONL项目那样设计的建筑来说，步入建筑形体领域的方式与步入传统建筑领域的方式不再相同。传统建筑经由正门进入，如同在寺庙和城堡，或是由寺庙和城堡演变而成的房屋类型。而在ONL的建筑形体中，你从一侧进入，如同汽车车身、飞机、火车或者自行车。在壳体式建筑形体中，你先进入侧面，然后到达要去的地方。建筑是把你传送到另外世界的交通工具。建筑体是神秘的，也是封闭的想象世界。为了

**盐水亭，
内尔蒂扬斯**

ONL [Oosterhuis_Lénárd] 1997/
卡斯·奥斯特豪斯摄

能带你去目的地，建筑体是一个矢量体、一个有目的的形体，向特定方向延伸，朝向另外的未知世界。

　　通常人们会认为进入建筑——在内部停留——再走出建筑的过程会把一个人变成另外的人。介于进入和离开之间的体验是经过加工处理的，访客自身也被加工了，然后带着新的信息到外部世界。建筑、汽车、飞机以及自行车等都是输入—加工—输出的交通工具。通常我把这种顺序过程的描述用在智能的可编程建筑上，但是本质上，这对静态建筑来讲也是正确的。把今天的知识投射到昨日世界，我需要承认静态建筑同样是信息处理装置。主矢量给定了一个方向。因此对比在静态建筑中停留的经历和在矢量建筑中停留的经历，二者是不同的。一个人进入一个方形或者圆形的建筑并停留一段时间，他经历的东西是区别于矢量建筑形体的。矢量建筑形体引导你前往某处，你会受到鼓励进行活动和探索。矢量形体是一个能让你变得活跃的实体整体，但它也完全可能设想出一定数量的位于多细胞建筑形体内部的空间。这样就能够在对探索的渴望和对休憩的需求之间实现动态平衡。昨天之前，消费型经济是主导，而现在经济转型正在展开，这要求人们通过感性环境进行自我转化。这是现在的客户的关键，客户为设计师支付资金以转变他们的业务。动态矢量建筑是引导参与转型经济的合适载体。

2.29   开—关

iWEB有一个我个人喜欢的特点——建筑形体有双重含义。iWEB既是一个自主的雕塑，也是一个良好的功能性建筑，集美观和实用于一体。当门组件关闭时，观众会把它当作一个雕塑、一件艺术品进行欣赏。但是当门打开时，观众就会被邀请进入，将雕塑作为功能建筑、一个建筑作品来欣赏。iWEB是可相互转换的建筑和雕塑。关门即雕塑，开门即建筑。这还不是这个开关设计策略最有意思的地方。当人们分析传统静态的雨篷时，建筑做出邀请的手势，好像在说："请进"；但是当门被锁上时，同样有邀请的手势却禁止入内。在心理学上，这被认为是自相矛盾的。同时，有着固定雨篷的建筑传递这样的信息：欢迎你进入，但门仍然关着，除非你有钥匙才能进入。但只有少数特许的人才有钥匙，这就把你和其他人当作不受欢迎的人排除了。在iWEB案例中，建筑和艺术的融合发出极好的信息——在雨篷打开时，这个结构是作为一个可进入的建筑而存在的；当雨篷关上时，结构不再是一个可进入的建筑，iWEB作为一个雕塑存在，你不会试图进入一个雕塑。当你需要时，也就是当你需要iWEB作为建筑的时候，才会有一个入口。

加泰罗尼亚电路城研讨会巴塞罗那

ONL［Oosterhuis_Lénárd］2004/
超体研究组/ESARQ

2.30   使足迹（占用空间）最小化

为什么这么多的ONL的设计都有巨大的悬臂出挑呢？这有什么原因吗？是的，有。这个设计策略早在1988年就开始了，当时正在规划位于巴黎中心外环路的XYZ塔，这些塔是带有悬臂的像盒子一样的体量。三个坐标轴—— 一个垂直坐标（Z轴）、两个水平坐标（X、Y轴）确定了一个不对称的矩形的三维交叉空间。概念是实现最小的占地面积（足

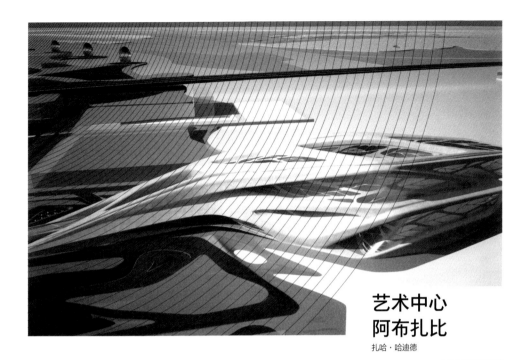

**艺术中心
阿布扎比**

扎哈·哈迪德

迹），这就是城市"针灸"策略（像扎针那样追求最小的痕迹），法国城市的"针灸"。通过我们的结构工程师做DHV（设计小时交通量）检验，结构体系确实是可行的，但当我们实地游览过建筑用地后，我和伊洛娜·勒纳决定不使用这种矩形的、有些现代主义的设计语言。勒纳和我从20世纪90年代早期就在从事一种新的设计方法，以建筑和艺术的融合为开始，接着融入了非标准化设计语言，随后又自觉地设计富有活力且可持续的建筑体，有着巨大出挑悬臂的建筑体富有很强的雕塑性，悬臂可以通过设计自身的设计方法论得到解释。作为约定的准则，ONL的建筑信息模型是在无重力空间，从数字化想象空间自由浮动的平行世界中设想出来的。因为重力不再发挥作用，所以人们在失重空间内设计飞船。当飞船接近目的地着陆点时要发生的情况可以描述为一次三维模型和基地之间的对话，通过交换详细数据，建筑可以高精度地"着陆"。这个过程是如何影响建筑形体和占地面积呢？使建筑占地面积最小化是通过突出建筑形体中心的实体部分来实现的。因为建筑不是从基地上长出来的，而是落上去的，没有理由让建筑的足迹覆盖整个基地。相反，它更像一个友好的偏爱较小足迹的外星生物，轻轻地接触地面，减少摩擦。占地面积最小化是一种绿色品质，它大幅度减少了基础。通常基础是各种建筑最不可持续的部分，因为钢筋混凝土牢牢地锚固在地下难以去除，现浇混凝土几乎无法回收。iWEB项目有250平方米的规划面积，但是占地面积不到150平方米，这就减少了40%，意味着在可持续性方面增加了40%，大幅度减少了占地面积的花费。

iWEB
原空间4.0实验室

ONL [Oosterhuis_Lénárd] 2008/
卡斯·奥斯特豪斯摄

51°59'49"N
4°22'35"E

北荷兰Web馆 "只有你需要时 才有顶篷"

ONL [Oosterhuis_Lénárd] 2002

2.31　第二段生命

在ONL的方案中可以找到许多固有的可持续性特质，但我从不夸耀它们，因为我认为这是我感兴趣的方面所自然带来的副产品。干净、完全控制的文件到工厂式的设计和建造过程将浪费最小化，标记好的组件的干式装配施工意味着快速的生产时间，尽可能减少资金花费。所有的废料，如钢、玻璃和聚苯乙烯都是直接从车间回收的。预制构件的干式装配施工对于在另外一个地点的第二段生命（使用期）也有利。遵守装配式建筑的规则，飞船建筑的矢量形体为寻找并移动到另一个位置做好了准备，并将在一段时间内成为那里的东道主。这正是在北荷兰Web馆中发生的。在2002年荷兰国际园艺博览会的第一段生命之后，它被代尔夫特理工大学以象征性的1欧元价格购买，被分解为特定的组件部分，在几年之后被重新创造成iWEB，并作为我的超体研究组的原空间实验室。很不幸iWEB的第二段生命没持续几个月。尽管iWEB自己原封不动保留，2008年5月13日灾难性的火灾导致救援队拔掉了iWEB的所有线路。从那之后，它就因受损濒于荒芜，等待被赋予第三段生命。

2.32　力场

同建筑评论家经常发表的言论相反，ONL的设计与背景有强烈的联系。当然，特征鲜明的设计在传统意义上并不与环境关系融洽，他们并不遵循城市设计师设定的界限。重要的是场地内形成的"力场"，重要的是把这些力场当作信息的来源并接受这些力场，这些信息影响着失重的、不成熟的BIM。一个典型的ONL设计追溯分析表明了力场如何影响建筑形体。乍一看，盐水亭方案像一头搁浅的鲸鱼，人们甚至会认为这是设计过程中的主导隐喻概念。但是这些都不对，设计并不是以一个隐喻展开的，设计任务并非是去靠近某一个特定的外部造型特征。盐水亭的颜色确实是黑色的，它的造型多少会让人们想到鲸鱼，同时位置很接近鲸鱼生活的海洋，但是我在1993年12月开始设计它的时候从未想到过鲸鱼。我的第一张草图完成于在家乡布达佩斯居住期间，草图中没有任何像是鲸鱼的东西。我在场地上绘制了一个由淡水到咸水渐进变化的图纸，场地上同时还包括了NOX和ONL的部分。我选择设计海洋关于水循环方面的内容。我真正做的事情是理解场地中的力场，我想要去感受的是形塑了该场地的力。在项目转到内尔蒂扬斯之前，我想要的是一座起源于海洋的建筑，给人的印象是漂浮的海上空间。但不是一头鲸鱼，而是在那个特定时间在海洋中诞生的船，而不是一艘飞船。流线型的形体自然适合这个概念。我将液态建筑的概念运用到即将出现的建筑形体之中。盐水亭通过多种方法将海洋的特点融入材料之中：大的建筑构件用船运到建筑基地，互动性的室内由海上浮标气象站提供数据流，黑色的形体直接依靠在岩石海岸上并嵌入沙丘之中。特征曲线在水平延伸的玻璃窗到达顶点，这使访客能够看到内海的全景，折线在流线型的形体上渐隐渐出，形体的体量在中部被拉高，主体满足了开敞的室内这一要求，室内的湿室（Wetlab）代表海面以下的世界，感受器（Sensorium）代表海面之上的世界。因此，环境就嵌入了BIM的基因之中，直接的外部环境因素定义了基因。另外的定义盐水亭项目基因序列的力量来源于内部游客的互动体验。因此，建筑体被定义为一种包围的半透膜，位于内部力场和外部环境这两股力场之间。在内外两股力量之间有着微妙平衡，二者都制造了建筑信息模型数据。非标准化几何形体、变化的流动性和我个人对外星生物的偏爱，这些设计策略转化成了一种世界通用的力量——尚不成熟的BIM。

2.33　极化，电压，按摩

一如我之前所讨论的，平衡存在于创造强大力场的两极之间，存在于自上而下和自下而上之间，存在于雕塑和功能之间，存在于动态和静态之间。我一直以来的目标是将平衡力延伸到它们带宽的极限，增加张力以感知现实空间中的情感上的电压。在此必须强调，我并不是把这些平衡力视为对立的量，而是相同的持续的范围的两个极端。ONL的设计策略并不是什么秘密，策略就是尽可能延伸平衡值以创造出极化和电压。盐水亭项目的设计概念基本上是由它的两极定义的，在这两极之间，扭曲的空间被拉高并被延伸以提升张力，就像是一个由两个对立的电磁极引发的磁场。感应电压准备吸引公众去关注环境的特性，使公众警惕盐水亭项目的空间信息。"按摩"一词源自马歇尔·麦克鲁汉（Marshal McLuhan）的《媒介

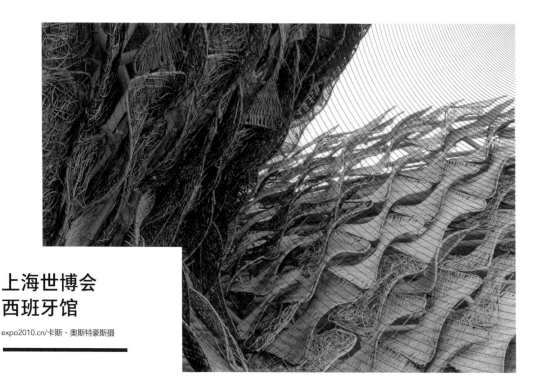

上海世博会
西班牙馆

expo2010.cn/卡斯·奥斯特豪斯摄

即按摩》（*The Medium is the Massage*）一书的真正书名［请记住这本书原本的书名不是《媒介即信息》（*The Medium is the Message*），它可能是被引用的最错误的书名了。甚至当人们看到正确的书名时，仍然倾向于错误的版本］。《媒介即按摩》和我的设计策略十分相符，尤其是我在盐水亭里边设计的互动声光体验，真的是给眼睛和耳朵做按摩。

027 上海世博会西班牙馆

    我一直对父亲没有带我去1958年的布鲁塞尔世博会耿耿于怀。我很好奇那会对当时7岁的我产生什么影响。我父亲是真正的现代建筑师（不是现代主义），他最好的作品产生于20世纪50年代末到60年代初。我母亲是一位绘制梦幻般花朵的艺术家。他们为什么不带我去呢？那会改变我的人生，我一定会去探索原子球塔。近来我收到了一份来自西尔维·布鲁伊宁克斯（Sylvie Bruyninckx）的礼物——铝制的原子球塔原型，西尔维·布鲁伊宁克斯掌管了修复工作。2010年春天，我在去中国的一次商务旅行中参观了上海世博会。伯纳黛特·塔利亚韦（Bernadetta Tagliabue）设计的西班牙馆是我最喜欢的展馆之一。成千上万的手工编织的格栅大范围地使用在钢结构之上。展馆的绰号是"篮子"。我确定这个展馆不会长久存在是因为外表皮的装饰材料不能持久。这个设计看似采用了非标准化模式，实际上并不是非标准化，因为几何形体并不是从密集的表面生成，而是从一个曲面的简单投影生成。整体形态看上去从属于附属在可塑结构上的动态的波浪形。虽然这个设计没有采用周边的任何环境数据，但勉强与周边力场发生关系。它不会被当作一个走向非标准化和互动性的建筑范例，但仍是一个优秀的建筑，因为它辐射出一种无所畏惧且强大的冲动——尽管去做。

028　上海世博会英国馆

　　我认为英国馆是上海世博会的标志之一。它远远地就开始吸引着人们，越靠近越吸引人。当在由约翰·考美林（John Körmeling）设计的荷兰馆中令人忧郁的幸福街上下走动时，人们就开始对英国馆目不转睛。一旦通过空中走廊进入英国馆，由托马斯·赫斯维克（Thomas Heatherwick）设计的称为"种子"的英国馆的中心部分被认为是一个杰作。事实上，这个毛茸茸的柔软立方体的设计是创新性的。无论从里面还是外面看，体验都是多重的。从这个艺术与建筑的融合作品中可以解读出多重含义。就像它的名字——"种子教堂"一样，它由60000多根透明的亚克力杆组成，每根都包裹着一个独一无二的种子。种子象征着可持续性概念、自然的多样性以及生命的潜力。白天，每个杆件作为一个光导纤维丝，将光线引入室内。在夜里，包含在每一只杆件中的光源让整个建筑发出光芒。世博会后这些杆件会被捐赠给数量相等的中国学校，数目之大使得获赠的学校几乎遍布全国。很难有哪一个项目比种子超高密度内爆和它们未来爆炸性广泛分布之间的张力场更能扩展想象力。

上海世博会英国馆

expo2010.cn/卡斯·奥斯特豪斯摄

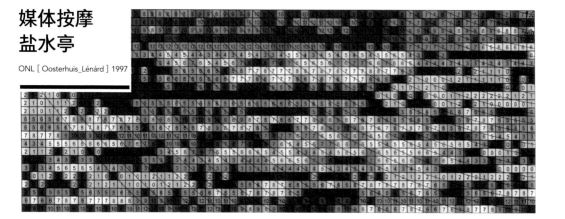

**媒体按摩
盐水亭**

ONL [Oosterhuis_Lénárd] 1997

2.34　作为产品的建筑

　　当我们深入研究典型的ONL设计的建筑时，我们发现许多可以在更大范围内发挥作用的设计策略。其中一些策略我已经在之前的文章"矢量形体"（Archis杂志，6/1999）中更详细地阐述过。这里，我会以适当的篇幅再重复一下关键词及其典型案例：捷豹 S-type：输入—输出；福特Ka：婴儿样式；克莱斯勒Pronto Cruizer：反馈；现代Euro-I：连续性；福特Focus：活跃的线条；奥迪：冷聚变；标致206：能量传递；菲亚特Multipla：界面；梅赛德斯A：实时行为；Smart：一体成型；雷诺Mégane系列：公示准则；雪铁龙C3：拉升体量；尼桑KYXX：流线型；雷诺威赛帝：折叠体量；雪铁龙萨拉毕加索：嵌入；克莱斯勒300M：进化；澜社Dialogos：清醒的意识。

　　关键词代表了明确的设计意见，这些意见对建筑形体范畴的BIM发挥作用，就像早期处理以下方面的设计策略：曲率、非标准化几何体、占地面积最小化、分化、定制、文件到工厂式生产、包容性、多重情感价值、交互融合、建筑和艺术、设计和工程、设计和制造、结构和装饰、游戏规则，自然还有以上所扩展的内容。我对汽车造型中凸显的设计技术十分着迷（虽然这些策略并不具有专属性）。我们讨论的很多设计策略可以在很多产品设计中看到。我喜欢多方参与式的建筑设计和生产过程，就像是生产产品一样，而不只是做顾问工作。研究产品能够让我很好地体会到设计是如何发挥作用，使建筑像产品一样进入我们生活的。

2.35　学习汽车造型设计

力作用于可转变的数字化BIM技术，它来自内部，类似于成长的驱动力，同时力也作用于来自外部的事物。同样，有的力会沿着外表面从建筑的一个部分转移到另一个部分，力传递着一种态度。在汽车设计中，绘制出一条从一端到另一端并转过转角的特征线是常规的设计模式。发动机前挡板上的线条会在前灯上延续——尽管二者功能不同，制作材料不同。然而，力促使折线线条从一个部分传到另一个部分。对连续性和统一性的追求要比个体性功能的单独表达更有力。

这和传统的现代建筑是如此不同，传统建筑中的功能部分就是被表现为功能部分。楼梯和电梯井同住宅/办公室的地板是分开的。人们偏爱古典的基础/轴/资源分离的做法，而不是选择一个统一的整体。雨篷和阳台作为单独表达的构件有利于节约零部件费用。这些零部件集成在建筑的整体形状之中。传统的现代主义建筑与令人兴奋的汽车造型设计实践没有什么不同。可以推断，从20世纪30年代起，现代主义建筑美学是基于汽车形体设计美学。在那个时候，所有的功能性部分都是一样的表现方式。主体、挡泥板、发动机罩、车头灯、备胎，所有零部件都被明确地分开开发，然后简单地组合在一起。汽车形体设计已经克服了这种简单的设计方式，并在20世纪50年代早期加速发展。差不多在这个时期，建筑实践脱离了其背后大规模量产的美学理论，并开始通过工业定制探索专门化设计的潜力。因此，我完全认同汽车车身造型艺术，所以我也追随以下设计策略：统一、整合、融合、延续性、流线型、形体的感性造型。当我在建筑设计中选择了硬壳式结构，我就由此系统地选择了运用来自产品设计实践的造型要素，尤其是汽车造型设计。力的传递是产品设计的固有特征，整体统一的设计逻辑主导着各个部分的表达逻辑。基于这个观点，所有偏爱这些设计想法［简单地堆叠方盒子体量，转动方盒子，从体量中削切，开洞，在立面上增加四四方方的造型元素，随机式的开窗，立面上模仿巴特·范·德莱克（Bart van der Leck）的作品，把一系列大小不一的方盒子组合在一起，随机散布方盒子体量］的设计做法都是那么具有OMA风格，无可救药的守旧派，解构主义，是对如今设计和生产潜力的公然质疑。

移动形体

在一个复杂自适应系统中，
建筑构件如同演员

3.1　从大量的生产到工业化的定制

　　我在ONL进行的非标准建筑实践，根据工业化定制的原则建立了
新的美学。定制的原则需要进一步解释，因为它是进一步理解交互人群
这个概念至关重要的一点。大规模定制从数控生产方式的角度看是自然
的方法。数控生产的定制逻辑要求所有建筑构件拥有独立性，而且可以
单独生产。在运用非标准化设计准则控制设计的建筑作品中，是不存在
两个一模一样的建筑构件的，每一个都与其他构件不同，每个构件都是
一一对应的。首先需要建立BIM来模拟建筑结构。通过模型模拟的实际
建筑结构将会构成巨大的立体拼图，拼图的每一块都完美地契合在特定
位置。组件的唯一编号相当于连接到互联网的计算机的唯一协议地址。
根据定制生成的建筑承认每个构件的个性，并建立了一个全新的美学标
准。非标准建筑理论对我们最明显的影响是我们不再颂扬重复与韵律之
美。人们必须意识到，所有现代主义建筑，从勒·柯布西耶到赫尔佐格

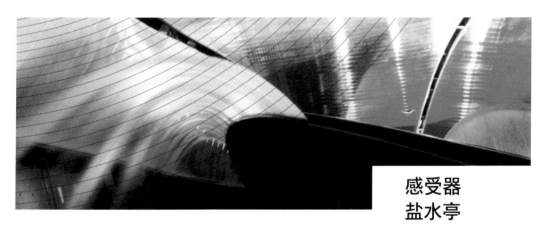

**感受器
盐水亭**

ONL [Oosterhuis_Lénárd] 1997

与德梅隆（Herzog & de Meron）的作品，都是基于大规模生产的落
后方式生成的。虽然很多评论家认为诸如Morphosis建筑事务所和盖里
等解构主义者所发展出的美学与其不同，但是其美学在很大程度上依然
靠大规模生产。实质上，他们做的就是从一系列大量生产的构件中加
入变量，换句话说，他们引发了复杂性。他们通过开孔、切除、倒角与
扭曲、叠加、在拼贴中碰撞、在冲突中建造等手段去尝试建立个性化构
件。但是用这种难以忍受的旧式方法创造独特性是一种悲剧性的错误，
而且浪费精力。让我恼火的是解构主义者违反了其他材料的本性和生产

方式，而不是与它们合作。基于符合定制原则的基础，更加合乎逻辑的
方法是替换基于脚本和生成过程的复杂建筑，并利用文件到工厂过程和
数控生产达到创造建筑独特性的目的。这样每个不同的形状就不再是一
个例外，而是基于规则之下的众多个体中的一个。通过定义开放可变的
参数值，设计法则可以是映射到结构、表皮和空间的公式。对于计算机
运行脚本并绘制出的文件到工厂半成品而言，每个独立构件都是按照相
同的程序处理的。数控机床不关心哪个构件的号码和参数的变化，但它
会自动调整。这是第一个转变。

**智能参数图块
原地板**

超体研究组2010

029 原地板

　　原空间3.0作为代尔夫特理工大学BK 城的一部分，于2010年5月投
入使用。原空间2.0基本上是在iWEB里的增强投影空间，就像2000年威
尼斯双年展上展陈的Trans-Ports项目与盐水亭的感受器，而原空间3.0则
加入原地板（protoDECK）——一个能支持处理周围增强投影的智能地
板。原地板是超体研究组里的两位高潜力研究人员共同努力的成果，
他们分别是来自美国加利福尼亚州的马克·大卫·豪森尔（Mark David
Hosale）和来自意大利的马尔科·维德（Marco Verde）。豪森尔负责安
装在地板上的上百个压敏处理器的设计、安装和编程。维德设计和数控
加工活动地板，它们构成一个定制的地板砖力场图案。因此，原地板成
为一个独特的非标准和互动式建筑，包含了一系列实际应用的想法，它
还为新一代活动地板系统提供了原型。该原型构建了新的嵌入式智能代

原空间3.0

超体研究组2010

理地板，由上百个小型处理器如鸟群般相互连接组成。处理器中最小的单元负责给临近单元读取、处理和传输数据，然后集合信号连接至外部处理器，由MAX MSP软件（一个交互式编程语言与开发环境，专门用于音频与媒体的制作）进行编程。它还是新一代定制地砖的原型，运用力场形成造型独特的构件。无论是在制作过程中，还是在它们作为群体中活跃成员的实时表现中，所有构件都具有独特性质。

030 原空间3.0

在原空间3.0实验室内，嵌入了大脑网格的原地板促进了公众和演讲者之间的互动、设计过程中不同利益相关者之间的互动，以及舞池中舞者之间的互动。原空间3.0可用于教育、科研、艺术项目和精神消遣的网络休息室。智能地板展示出未来家庭与办公室中家居自动化可能的样子。我们不再需要想一个木质或复合地砖的重复图案，因为它们可以被定制成任何形状，只要它们的尺寸在数控生产设备的许可之内。同样的工业定制也有适用于墙壁、顶棚和新的室内与商业景观里家具尺度的物体的潜力。它们可以连接到同一数据库，共享相关数据生产。定制可能会导致室内设计的极端多样化，这类似并优于17～18世纪的宫殿设计。"特色"不再是富人的特权，工业定制为数十亿的21世纪消费者带来丰富的视觉盛宴。试想一下嵌入智能的独特构件作为一个外脑介入你的生活日常，拓展你的日常生活层面，空间会自动识别他们的用户及其个人信息，从而进行自动调节。你的生活环境将成为配备了很多感官的第三层皮肤。原空间3.0为未来生活空间提供了试验台。比尔·盖茨（Bill Gates）的私宅和史蒂文·斯皮尔伯格（Steven Spielberg）的电影《少数派报告》（*Minority Report*）在我们之前铺了一条带有尝试意味又谨慎的道路，现在是时候深入下去了。

3.2 从静态到主动

第二范式的转移引领建筑朝向新视野，是建筑从静态到交互的第一步。实际上，考虑定制化电脑数控生产与考虑构筑物的动态特征的先决条件是一致的。一旦建筑构件拥有了独一无二的编号或是被加了标记，它们就会被当成一个独一无二的个体。当单独的构件能在运用中以实时流动模式处理，当建筑构件能够移动，那么该构件就可以说是在响应外部变化并进行自适应。

从响应到互动是另一步。响应输入信息是基于信息流在发送端与接收端之间的单向传输，但是这离实现双向对话还很远，而双向对话是交互模式的特征。要产生交互，接收器必须发送回一些新的信息，这意味着它必须处理接收到的信息并进行略微调整后发回。一些参数在这个过程中必然会发生变化。对话是一种双向交流，每一个处理器在得到反馈后都会产生一些改变。从耳朵到大脑再到嘴的听、想、说，这些行为对人而言是十分平常的，然而对机器而言却是非常复杂。小型的Arduino（一个开源电子原型平台）环路正在被开发中，它能表现的像无声演员一样接收、处理并发送局部信号。当这些小型局部智能处理器被内置到建筑构件中，这些构件就可以被设计成活动并对外界产生反应的单元。至此，从响应和自适应到主动的跳转就可以得到实现。即使没有人提出明确需求并要求构件回应，智能建筑构件也要具备演算能力以适应实时运行状况。因此，建筑可能会开始自我行动，开始提出改变，由此展开与用户的对话。建筑从静态到互动再到主动的发展在未来10年会呈现出加速发展的趋势。当信息建筑师联合起来争取控制交互性和主动性的新范式，当他们把交互性和主动性的魅力表现在他们的设计中，当他们提高必要的技能并把交互性和主动性运用在BIM和数控生产的建筑构件中，现代信息建筑师才能对增强建筑工作空间这一迷人领域负责。

3.3 互动的人群

在懂得从标准化到非标准化和从静态到主动这两个范式的转变之后，就可以开始在建筑学科中讨论交互人群的概念。当我把我的建筑作为信息处理的媒介时，很明显的一点就是这些媒介并不是孤立的物体，而是接收和传播信息给其他信息处理系统及其他仪器。就像高速公路上的全部汽车形成了互动的移动车辆群，这些IO（输入—输出）的工具体形成一个全世界人、物种间的交互行为。群体行为构成了描述和编写这种IO人口脚本的基础。IO载体的联系是通过发送器和传送器建立，并通过互联网进行全球网络化连接。他们的行为受局部约束（内部力量）和整体约束（系统外部力量）支配，IO载体都告诉对方什么？他们发送什么种类和内容的信息？

我的第一个真正的交互构造物是建于1997年的盐水亭。位于北海的一个气象站开启并通知电脑运行MAX MSP，程序依据气象站提供的原始数据制成一个混合表，以此实时生成独一无二的乐器MIDI（数字接口）数字。然后这些MIDI数字驱动室内的灯光和声音，并使他们每分钟更新20次。公众可以通过一个传感器面板与动态环境进行互动，使声光在内部空间中自由移动。互动体验与建筑都是在相同的预算和规模下从零开始设计的。就像我们成功地为艺术和建筑分配相同的预算和工作空间一样，我们将这种激进的等效合作形式应用于建筑与互动的融合，这样的做法在建筑史上还是首次。在建筑史中，声光环境的交互之前就有过案例，如布鲁塞尔1958年世博会中的飞利浦馆，但它是被动的，而盐水亭则提供了参与式的环境。

假设我们现在有一群分布在世界各地的盐水亭，它们相互间以及与当地环境及用户之间都可以交流信息，也服从它们的全球指令，然后就可以建立一个拥有蜂巢思维的智能感知建筑。这是我在更广泛的定义中所寻求的"主动"概念。集群内所有的IO成员将接收到其他IO载体产生的数据，所有的行为都是实时的，所有的成员都会告诉其他成员他们的行为，自身也会自我学习。自我学习能力只有当IO主体作为动态群体的一部分并不断与同伴交流时才会出现。然后他们就可以开始建立一个与人类一样的知识体。不难看出，如果没有相互间的交流，人类的思想该是多么无用和无知。人的知识体系在单个大脑中是无法具体化的，只有在世界范围中将大脑中的知识体系进行蜂巢式的相互联系，人才能拥有完整的信息，因此我们才能进行衍变与发展。这与IO载体很相似。他们的大脑充斥着来自网络的有意义的数据，同时也吸收其他无线传输的语义信号，这些语义信号是他们的代谢作用所需要的。

3.4　汽车是活动要素

保持自身垂直是一个不稳定的平衡行为，如果你曾经试过闭着眼睛跑步，就知道自己一定会偏离直线路径，你会马上开始摇摆并不知道下一步要怎么走，你会很容易迷失在空间里。睁开眼睛，你也需要对道路进行持续观察，对持续的输入数据进行反应，这样才能让你的大脑向肌肉传递信息来平衡身体。这是群体协同工作的原理，也是鸟类调整自己在鸟群中

**汽车和建筑物
是活动要素**

japanwallspapers.blogspot.com

的飞行轨迹的方式；这也是汽车成群行驶在高速公路上的处理过程。

这样的话，汽车也可以被看成高速公路上的活动要素。通过分析它们的对接行为，人们可以看到，汽车也是有回应的，而且它能使司机处理这种回应。这不是司机个人，而是司机与车组成的系统在做决定。车是一个智能代理、一个高速公路游戏规则的参与者。在信息流中，汽车通过高速路上的标志、其他汽车的信号、天线捕捉到的无线电信号等得到信息，不停地测量与邻近车辆的距离、速度和方向。这是一个不间断的计算过程。该计算过程即使遇到严重交通拥堵也一样运行，而这种情况下主要通过无线电信号进行测量并接收信息。即使汽车在交通堵塞中寸步难行，汽车仍然是一个执行中的程序。

这个概念对于理解后面的段落是十分重要的，我将重点关注建筑构件作为建筑主体的参与者的行为。车作为高速公路系统中的一部分，不仅接收和处理信号，还包括给它们的近邻车发送信号。车辆在左转或右转的时候闪灯，刹车或减速时亮尾灯。在黑暗中，高速公路系统的运转更加明显：只有亮起的指示灯和闪烁的信号引导汽车，没有地形的干扰。在夜间开车就像驾驶一架飞机。飞机通过虚拟路线飞行，通过3D软件可以可视化为一个有边界的虚拟隧道。如果飞机偏离航线，冲突检测软件就会示警。这些先进而又相对简单的技术也运用在现代汽车中。汽车读取路上的信号，向转向装置发送信息，与此同时通过信号和图像通知司机。

我是根据社会技术的共情认知来描述高速公路系统的。我将相似的技术运用在承载信息的建筑形态体系中来描述它是怎样实时运作，以及如何利用这种新意识发展可编程建筑体。

如今的汽车经历了什么？汽车如何处理传入的信息？假设我正在看现代汽车，为确保汽车的使用安全，其内部嵌入了数以百计的小型计算机。因此，我不需要把对传入信号的正确回应全部归功于驾驶员，汽车内部有一个复杂的连接系统来处理输入信号。当一辆车距离前车太近时，它就会减速；当汽车注意到其路线有偏差时，如果偏差不大，它就会调整方向盘改变汽车前进方向。车与人合作，在输入信号的基础上不断微调其方向，就像人体保持自身直立，调整方向沿直线行走。验证传入的数据基本意味着以数字形式传入的数据要与允许数字的带宽进行比较。如果输入值高于或低于允许值，它就被视作超出允许范围，车辆就会采取行动。首先，出界信号被传送到转向装置进行微调。顺带一提，这是一个微妙的应答处理系统，掌控了生与死。但是试想一下，如果你自己改变方向盘的旋转角度，即使是一点点，也会很快偏离正确的路径，并可能在几秒内出车祸。人类拥有足够的智慧操纵汽车并使它保持在正确的轨道上，其实是很惊人的事情。从移情的观点看，汽车可以通过接收无线信息进行连续不断的自我修正同样也是很惊人的。汽车与内部的司机和外部道路系统产生交互作用，并通过拥有不同类型车的交互人群繁荣发展，它已经成为一个活的复杂自适应系统。这是值得赞赏的，也是一个可以推动工作革新的理想主题。

3.5　建筑是活动要素

将建筑的行为空间想成一个集体中的成员、一个群体中承载信息的活动要素，那么，怎样的信息会进来，它是如何处理的，又会输出怎样的信息？它在城市的背景中有何反应？建筑应该被当作一个整体来构想，比如把建筑建在今天的发达国家中，这对它们的电缆、布线、管道和管线工程，对它们的感觉器官和无线电波会有什么影响？虽然基础设施占用了至少三分之一的建筑预算，它们也是建筑设计中最容易被忽视的部分。但这是可以理解的，因为设计师没有足够的权限去像控制设计中的几何构成和材料一样控制基础设施。然而，设计师应该把更多注意力放在基础建设上，特别是自从建筑变得越来越智能，基础设施的预算就在不断变高。建筑本体依靠很多种形式的信息。一旦连接到城市基础设施系统，建筑体可以读取许多无线信号。它吸收的信息，有些是数字形式，有些是与诸如水、空气、人等相似的形式。

运用换位思考的原理，从建筑体的角度看，我们看到的"人"也只是另一种形式的数据。人被建筑主体有选择性地接纳，并被赋予存在特性。人是信息的载体，把瞬时信息翻译成建筑体的物理变化。人们实现的信息诸如开关灯、开门、上网。

门本质上是建筑系统的一个开关。当门打开，空气在房间之间流通，内部环境甚至建筑性能就会发生改变。性能由人来感知，他们可能会采取行动关门或再次开门。因此，人与建筑在建筑功能层面上相互合作。人们操作和互动，但是建筑自身在与城市群中的其他成员进行系统交互。利用输入的数据，建筑体不断调整内部条件。尽管建筑与汽车不同，无法在地面上移动，它也改变室内温度、相对湿度和太阳直射量。

建筑依靠电、煤气和水运转。电可以通过建筑表面覆盖的光伏电池或者由在外部边缘设置一系列较小的风力涡轮机产生，在外缘风速会自然地加速。

这个城市包含了多种不同的建筑类型，所有的建筑体都是群体中独立处理信息的一员，所有的建筑群体与其他不同类型的建筑群体互动，它们都与一个中枢神经、淋巴循环和废物清除系统相连。城市群众的所有成员都遵循城市设计人员制定的简单规则和被强加的具有个人特点的规则，最终构成了整个城市的复杂性。建筑是城市系统中最大的活动要素，构建了居民的活动。以这种方式看待建成环境，居民只是建筑行为的协助者，人们通过被阅读、被听、被看为建筑提供实时参数，操作建筑的部分变化。在城市风光的快进影片中，人和车都移动得很快，几乎变成了看不见的影子，但建筑却似乎还是以正常速度做出自己的改变。

031 非标准建筑肌肉

2000年以来，ONL工作室和超体研究组就一直致力于开发可编程执行器用于建筑的潜力，构建交互式装置并最终应用于可交互式建筑。液压和电子活塞是存在的，但是用于建筑结构中的驱动器并不多。我曾

非标准建筑肌肉
内景
巴黎蓬皮杜中心

ONL [Oosterhuis_Lénárd] 2002/
超体研究组/卡斯·奥斯特豪斯摄

计划在2005年之前建造一些类似Trans-Ports项目的东西，那时我拥有了可以建造它的必要技术。但是我需要一个客户。2003年，我被邀请前往法国巴黎蓬皮杜中心举办的"非标准建筑"（NAS）展览参展，在那里我发现了费斯托集团公司（Festo AG）生产的工业可程控肌肉，柔软的管子依靠空气压力泵变长或变短。我立刻看到了这些肌肉运用于交互装置中的潜力，在这个项目中，我把它命名为"非标准建筑肌肉"（NSA Muscle）。加压的肌张力一定能抵消结构构件的压力荷载。我可以想象到被倾斜连接的肌肉网包裹的充气气球。72块肌肉被编程作为群体中72个独立个体运作。每一块肌肉都由主脑在Virtools软件里单独建模，经由72个调节阀来收缩或扩大，它们之间也会相互影响。区域的收缩与扩张使得"非标准建筑肌肉"可以在展区地板上舞蹈，我们可以看到肌体的旋转、跳跃和爬行。传感器的外部节点可以被公众触摸，以产生一个肌体回应的额外信息层。"非标准建筑肌肉"被编程为有自己的运作周期，但也可以快速回应外部刺激。各种相互作用的编程层的结果是易受影响的，而且带有一点儿未知性，只能根据多值模糊逻辑的原则进行一定程度的控制。

032 原墙面

在"非标准建筑肌肉"项目后的几年间，费斯托集团公司和超体研究组在教育研究项目上开始合作。为了代尔夫特理工大学建筑学院本科

交互墙

超体研究组2009/费斯托集团公司/
沃尔特·福格尔（Walter Fogel）摄

生6学分的交互建筑课程，超体研究组成立了实验性的实践工作室。每个学期，一组12个学生会设计、建造、展示一个互动装置，肌肉重置（Muscle Reconfigured）建于2004年，随后是交互塔（Interactive Tower，2005年）、肌肉体（Muscle Body，2005年）、竹子装置（Bamboostic installation，2006年）、交互式立面（Interactive Façade，2007年）和消失的入口（Disappearing Entrance，2008年）。2009年，超体研究组与费斯托的合作达到一个顶点，完成了费斯托交互墙工程（Festo Interactive Wall project）。费斯托公司已经开发出了鳍状结构，这是一个翅膀形状、依靠费斯托公司研发的肌肉系统运动的结构，收缩或膨胀的肌肉可以拉动或推动机翼指向任意方向。6个翅膀排成一排组成了费斯托交互墙，在此引用了超体研究组原墙面（protoWALL）的概念。超体研究组为实时交互编写了一个程序，设计了一个LED灯样品，并把它组装到翅膀结构中。传感器放置在翅膀底部，路人能触发这些传感器，而原墙面的相应部分则会立即响应。当人们经过时，一个柔和的浪像一个柔软的湍流通过结构。原墙面会同时回应很多人，这造成了复杂动作的不可预知性，从而吸引人的目光。复杂的行为从简单的规则中产生。在早期的交互项目中，结构被设计为依据循环代谢程序运作，也能响应外部冲击。原墙面的逻辑是一个通用的逻辑形式，适用于各种建筑构件。

3.6 什么是交互式建筑

什么才是真正的交互式建筑（interactive architectrue，简称iA）呢？首先让我澄清一下什么不是交互式建筑吧。交互式建筑不单单是被设计用于回应和适应变化的环境的结构体系。它的回应方式并不像打开灯的开关一样，它包含的更多。它基于这样的理念：双向交流需要两个活跃的个体，两个人之间交流交互得很自然，他们彼此聆听（收集信息）、思考（处理过程）、诉说（输出信息）。但是交互式建筑不是人与人之间的交流，它被定义为首先在目标建成构件之间，其次在人与已建构件之间建立关系的艺术。它是实时的建立双向关系的建筑艺术。在我们的进程中，所有建筑构件被看作IPO设备。交互式建筑的理论包括被动和主动IPO建筑系统。

我们再用"门"这一经典例子解释一下互动式建筑，正如上面描述

交互式入口

超体研究组 2008

的，门在建筑中起到开关的作用，或开或闭。当我们给门加个锁，它就变成了锁着和开锁的状态，有钥匙的人是唯一有资格给门上锁和开锁的人。建筑中，门的功能是充当分隔门两边的A空间和B空间的半透明膜，人和货物通过门进进出出。那IPO程序的处理是怎么样的呢？门可以被认为是处理人（包括人们作为背包信息携带的袋子）、处理气流和灰尘，以及芳香分子的传播。当门处于开启状态时，门两侧的两个系统在关于人数、货物、光照、温度和数据上会达到一个均衡。一个动态运算的门通过量化进出的事物进行数据处理。

交互式建筑的原理类似于门的例子。交互式建筑软件将考虑所有IPO对象的位置、配置和其他可能的特征发生的所有变化。每个在超体研究组的原空间软件定义的对象都在实时运动，追踪周边对象的变化。每个对象就变成了一个IPO机器，一个代理与其他代理进行通信，正如鸟群中鸟儿的交流方式一样。在设计阶段，如果没有理解并吸收非标准建筑的规律，就不可能理解交互式建筑。正如第2章阐释的那样，非标准建筑是指建筑的所有组成构件都是特别的，它们都有一个特别的编号、位置和形状，如果两个部分是相同的，那么这必然是纯正的巧合，而不是为了简化结构本身。在设计过程中和大量工厂预制构件的制作过程中，所有部件都被单独处理。重复不再是生产和设计的基础了，重复已经不再满足人们对美的需求了。在非标准建筑中，我们觉得构件的独特性使人感觉到自然、逻辑和美观。当所有建筑部件都有不同的编号，当它们都被标注好及时处理，那建筑的各部分能立即转变彼此之间的相互位置。地板可以转变成原地板，墙壁可以转变成交互式墙壁，建筑躯体能转变成肌肉躯体。设计并建成12个交互式原型建筑后，超体研究组明白把建筑当作建筑部分群体间的交互式组合是可实现的。这些建筑组成部分实时地进行信息交互，或静若处子，或在与使用者的交流中动若脱兔。

肌肉体

超体研究组 2005

3.7　主动性

　　撇开所有非标准建筑在动态设计过程中的成就不谈，非标准建筑的成品仍是静态的，就像现代主义建筑基于大量的重复制造。以门为例，门在静态建筑中通常被人操控，尽管有些门是自动开启的。但是目前展开的IT革命正在显著影响着门和锁的操作。门将变成具有自我意识的IPO设备，听从自身表现指示或自上而下的授权命令。很快，这些门将如它们自己的意愿开启或关闭，上锁或解锁，也会接受遵从上级的授权命令开或关。门会自己意识到环境的变化，并会做出响应而不用接收附加的指令来行动。门将变成活跃的建筑构件与其他建筑构件共同构成整个建筑结构。一旦电子信号侵入建筑构件时，逻辑上的第一步是门会基于对多个脉冲进行的一个复杂的评估做出慎重应对。等这一步完成之后，逻辑上的第二步是它们将更加积极主动，它们会自动发出改变的命令。什么都不用担心，然而人类需要与建筑共同进步，就像人类和狗以及其他被驯化的动植物一样共同进化。主动的门也会被驯化，我们会爱上它的生动而不会惧怕它的自我行动。

　　总而言之，交互式建筑不仅有反应能力和适应能力，它也是积极主动的。交互式建筑的可交互（IA-tuned）部分能完成多种细微动作；它们能实时地不断提出新的配置，有时动作很细微不易识别，有时变化极快让人反应不及。交互式建筑软件中主动性的行为是被深深编写进已设计的编程脚本中的，写进了整个结构体系的基因里。每个部分每秒多次地实时计算自己的新输入值，并计算出新的输出动作，从而一直改变自己所处的状态。这个不断更新的状态又变成了一个新的值输入IPO系统的其他部分，作为交互式群体的一部分一直持续。所有的成千上万的活跃建筑构件共同构成了复杂的CAS（适应性建筑系统）。

　　交互式建筑设计的艺术被定义为把复杂的适应性建筑系统概念化的艺术和在活性建筑材料上施加风格的艺术。设计师必须记住所有建筑构成部分都是可编程的驱动器，这对于有创造力的设计师是一个设计范式的转换，建筑师由此变成了信息建筑师。信息建筑师对数据进行雕刻、设计信息流、建构IPO构件来选择性地传输、吸收、转化或直接反弹信息流。我的目标是要确保交互式建筑被感知为美观的，而不是仅仅被认为是科技的成就。交互式建筑能像我们所学习的传统建筑一样被认为是

**非标准建筑肌肉
巴黎蓬皮杜中心**

ONL［Oosterhuis_Lénárd］2002/
超体研究组/卡斯·奥斯特豪斯摄

**48°51'38"N
2°21'08"E**

有意义的、切题的和美观的吗？我的个人观点是交互式建筑能够自然地表现美观，因为（缓慢）运动的物体能比静态的物体更易吸引人的注意力。相比静态的结构，人们更容易与动态的结构产生共情的联系。简单来说，看现场作画比观赏成品画作更有趣。当我们训练自己不满足于建筑移动这个最初级迷人的事实，当我们训练自己关注建筑移动的原理，当我们尽可能集中精力于时尚且流行的交互式建筑计理念，那么交互式建筑的时代将会来临，而信息建筑设计师将会成为受人尊敬的主动结构设计师。

3.8   当你需要一个窗户，就会出现一个

　　前文讨论过多种iWEB的不同模式，例如太空飞船可以交替地变成艺术品或者建筑物，它既是艺术品又是建筑物。这两者的区别是由一个安装在铰链上的巨大的门形成的。iWEB建筑本身就是静态结构，门被安置在一个固定位置且只有两种不同的模式。然而，我们的移动端口项目显示一个建筑不需要被限制于两种模式。移动端口能够导入教育模式、休息室模式、讲座模式、研究模式、游戏时间模式和夜总会模式。空间本身被设想成能够实时改变形状和内容。移动端口是一种多模式的设计理念，物理上实现了具备弹性结构和表皮的结构。移动端口的表皮材料一直保持着同样的表皮，同时这个结构配备了同一套电子活塞和不同的物理配置。建筑结构本身原则上不会改变，但它有内置（built-in）的变化能力，能移动自己的龙骨，伸展自己的表皮。现在设想门不是安装在铰链上，而是在一个可回应的、自适应的和主动性的专业化表皮上，设想仅仅依靠给它的组成部件重新编程，这个表皮就能在任何位置改变自己的物理特性。

　　学生们在2008年的春季学期里建造的交互式原型——超体研究组，提出了交互式入口即半透明墙体的概念，人可以穿过这个墙而不是通过特定的入口。当一个人靠墙足够近的时候，墙会产生一个入口。那个入口不会有一个固定的位置，它可能出现在沿墙的任何一个位置。你可以把它比作带无数小型自动门的一个大型建筑的首层立面，所有门都对传感器有反应。只有唯一的区域会为你打开，那就是离你最近的且被授权的驱动组件，这样建筑立面就变成了可以穿越的，而且这些门在平面中没有等级分类。这听起来有点像思辨思维实验，但到今天这是完全有可

适应性立面

ONL [Oosterhuis_Lénárd] 2004

能用现在的科技做到的。我的学生们就能在6～8周设计和建造出这样一个立面，即使他们之前没有交互式设计的知识储备。这是如此简单，你只需要打开脑海中观看世界的不同角度的开关。

　　关于实际制造原型的过程，每个驱动组件必须被嵌入一个小的处理器，以读取一个射频识别技术标签，然后处理信息，并采取相应的行动。当门认识了你且信任你，当你的数据符合门的数据，门就会让你通过；当门无法识别你，你就没有权利穿越这堵墙，你就必须走不明身份的客人用的通道。也许那有一个网站让你介绍自己，获取自身标签并得到授权来开门，这听起来可怕吗？一点儿也不。在你上网办理航班值机时已经经历过类似的事情了。标签在这个例子中以条形码的样式存在，而市场上有更多更精密的设备，它们可以被编织进衣服里，这样通过门的时候你就不用拿出打印的凭证了。桌子会自动识别出你的信号并让你通过。阻碍的屏障将这样被消解，但是那没有什么可怕的，正如我们在电影《少数派报告》的字里行间暗示的那样。当看《少数派报告》时，我发现我能用在ONL/超体研究组中10年研发的知识做成一模一样的事情。用可穿的微型IPO颗粒给自己贴标签会比其他验证方式更可靠，也比尺寸较大的护照和身份证明更加人性化。身份认证甚至会变得融合于时尚，变成一种穿衣打扮的方式、一种日常习惯。

　　现在设想你不只是想象与门的互动，而是与一个完整的建筑表皮、内部所有灵活的分隔墙、地板和顶棚互动。这些建筑构件可以像智能代理、个人互动简介的执行器一样进行互动。这样任何立面都能变成一个真正的交互式外壳，无论何时何地，无论谁想要，立面都可以开放并亲近光和空气，这个过程是可以由你自己或是建筑操控的。当某一个位置有对一扇窗户的需求，这个位置上就只会出现一扇窗户。

033 数字亭——即时设计

　　受一个韩国大型室内设计公司的委托，我进行了对首尔数字亭的设计。在概念设计阶段，我打算运用三维维诺图单元作为空间布局的根本。设计过程的独特性在于三维维诺图计算的参考点的点云是在"实时创建"（on the fly）中创造的。我让超体研究组的博士候选人克里斯蒂安·弗里德里希（Christian Friedrich）为数字亭项目制定了即时设计工具，这个工具是他在超体研究组的论文项目中开发的。动态设计是指在运行的设计游戏中主动做出设计决策。Virtools游戏平台的研发是为了帮助设计师在空间导航中放置点云的控制点，这些点可以被看作是三维维诺图的中心点，然后泡沫结构会用这些点来建成。在游戏中，这些点在任何需要的时候都可加可减。这一个美妙的方面被加进信息建筑师（数字增强设计师）的领域。运用"实时创建"设计，设计师能达到最接近直觉的方式，任何出于直觉的行为和姿势都对形成的三维界面有一个快速的影响。因为界面能从所有角度观察和修改，人都可以自由航行在自己设计的小宇宙里。由于现实的设计需要，原则上没有边界的三维维诺图结构覆盖了三层展览空间，建成了不同层之间虚的空间联系。在增强PDAs（掌上电脑）和特殊眼镜的帮助下，公众正在体验三维维诺图结构贯穿楼层的连续性。

实时创建设计
首尔数字亭

ONL［Oosterhuis_Lénárd］2007/
超体研究组克里斯蒂安·弗里德里希

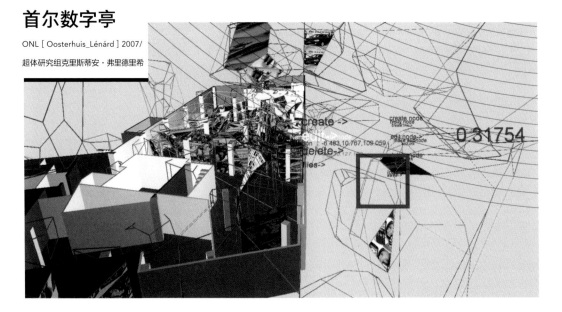

互动结构
首尔数字亭

ONL [Oosterhuis_Lénárd] 2007

034　数字亭——增强现实

　　在进入展示空间时，公众就已经被识别并激活。每个人都被贴上标签，他们的朋友以及展示物品都可以用相似的方式辨别他们。想象一些展览物品知道你的个人喜好，这些聪明的展品识别你的简介，在你设定的基础上调整传输给你的内容。你的一部分简介必须在你来展示空间之前通过数字亭官方网站做好，其他部分的简介会在你穿过展区的时候自动完成。比如，如果你长时间观看一个展品的话，该展品的微型大脑就会认为你对此有兴趣，并把这一情况增加到你的简介，别的展品看到这个信息后会相应地调整信息。它会选择更换展示图片或者讲述一个不同的故事来贴近你的个人兴趣。另一个交互式展览的重要特点是展览结构的实时行为。传感器被嵌入电动活塞，这样它们就会知道是不是有人走过，并且在有相应简介的人靠近时，主动在一个结构性密集的部分开放出一个通道。"当你需要一个通道的时候，那就会有且有唯一的一个通道给你。"一部分展览平台被设计成给所有结构构件都采用电动活塞。公众会觉得好像陷入了一个密集的三维维诺图结构网，只有触发正确的传感器时才能有机会退出。逃出这个网的空间是实时游戏，公众在实体展览中游玩，将深陷真实和虚幻之间，将亲身体验增强现实。

3.9　通用的时区

　　现在让我们执行另一个思考实验。与其他很多旅行者一样，我也经常被不同时区扰乱，尤其是由于不合理的简化结构。时区和高精度的现实并不匹配。有别的解决方法可以解释逝去的时间吗？而不是粗略地把世界分成24个时区？把世界划分成24个时区，就像简单地用5×5的25像素的画来描绘世界一样。非标准建筑会自然地引导至一个无限制的时区数量（非标准建筑处理了数学上无限的概念）。非标准方法会给地球上一点到另一点提供无比顺利的过渡，再也没有一个小时制的跳跃。时间会随着你在地表的移动铺展开来，时间就会变成真实的时间，可以想象你手机里有一个原子时钟显示着你所在地方的准确时间，就是此时、此地的时间。

　　当你正在与地球自转相同方向旅行时，你的表会走得略微慢些，因为你相当于走的比时间流动的还快。当你碰到红灯停了一会，你走的速度就又会降到地球自转速度。当你沿地球自转相反方向旅行时，你的时钟就会加快来补偿损失的时间（正如我们所知道的那样，美国时间比欧洲中部慢了6~9个小时，相比更要远远慢于中国时间）。现在当你从美国到欧洲时，再也不用手动调整手表了，你的手机会在你旅行中用一种高精度流动的方式自动完成这件事。通过每秒多次的更新，时钟会跟上实时的变化。这个实时的时钟需要通过被标记来传达它在地球上的位置，然后它会需要同其他被标记的时钟（一大群卫星）一起实时发送、处理和接收信息。这个由被标记的时钟和手表组成的网络会管理好世界范围内的合理时间分布，尽科技所能地高精准解决时差问题，减少时间滞后并为时间的顺利感知铺平道路。你顺畅变速的时钟将再也不像守旧的机械手表，它会成为一台计算机，实时紧跟实际时间。

　　设想一下这个手表将会给人们日常生活带来的变化，如果我们放弃了低精度的24个时区制度，每个人、每个事物都会有一个自己的时间，打电话时就能够看到自己与对方的时间差。我们也可以用连接彼此的设备显示时间变量，追踪每个单独的时间位置。只有所有事物都被标记而且嵌入小型处理器，这样通用时区的想法实验才能成为现实。就像我预见的用于非标准和交互式建筑的建筑构件。它的明显优势是不用调整手表就可以很自然和舒服地拥有精准的时间，就像非标准建筑的复杂性让人感到自然和舒适一样。我们将更加靠近自然界的展开计量，这个计量没有野蛮地划分出低精度的大块时间。当一切都被涉及和完成，自然就会变成一种计量，这点已经在史蒂芬·沃尔弗拉姆（Stephen Wolfram）的预言书《一种新型科学》（A New Kind of Science）里谈到了。他指出自然应该被视为一套复杂的单元自动执行装置，该装置每秒可以完成上亿次操作。那样，自然就是一个提供大量数据交换的大型交易场所。

3.10　执行器

下面说另一个想法实验，这一次不是铺展时间，而是展开一个高塔的物理结构。这个想法实验探索了可编程建筑的可能性。设想要建一个1英里高的塔是行不通的，除非用最新的可编程建筑构件的技术。正如前面解释过的，我们可以应用编程的嵌入式执行器技术来把更多惊喜加入建造可实时变形的结构里。此外，一个可编程建筑可被编程为一动不动，犹如结晶晶体的存在。让我们在进一步的细节上研究一下可编程建筑的最终可能性。对于静态建筑而言，变化的可能性是很小的，因为它是固定在特殊装置上的。而对于有执行器的建筑，它的变化范围可以从零到无穷大：零是完全冻结静止的状态；无穷大则是达到机械和电子能支持的运动最大值的状态。

执行器变化范围在主动性刻度上的高低代表了你身边的静止建筑的静态配置。静态现实意味着保守的高层建筑将大幅度地从一侧到另一侧摇摆。已倒的世界贸易中心摆幅能达到1米。摆幅达到1米无疑让人感觉不适，人会产生晕船反应。如果有可能避免高空强风引起的摇摆，那建筑物也有可能建得更高些。

建筑高度通常被技术条件限制，垂直电梯为第一代高层建筑铺平了道路，钢筋混凝土的革新使建筑突破了800米的限制，就像迪拜的哈利法塔（the Burj Al Khalifa）。弗兰克·劳埃德·赖特（Frank Lloyd Wright）曾想建造一个1英里高的塔，他甚至做了一个草模：底座大，越往上尺寸越小，就像垂直拉伸的金字塔。基本上所有的高塔都多多少少遵循了这个理念，包括哈利法塔。

最近，沙特的一个建造1英里高的塔式建筑的提案被公布，下面引

1英里高的塔
吉达

SOM/蒙太奇照片：扎哈尔·阿尔格
姆迪（Zahair Alghamdi）

用部分设计师的话：

　　建筑和工程一直被传统地认为结构应该是静止的，建筑框架被建造的强壮和沉重来抵抗所有预期荷载，1英里高塔提出一种更轻、动态的结构系统，这个系统能自动应对施加在它上面的压力。由风力探测传感器控制的稳定副翼像鱼鳍一样沿塔高布置并调节自己的位置，以控制谐振运动和建筑漂移。

　　对于我来说，这段精确描述下的这种建筑时代正在向接下来的10年大步前进，建筑物将会变得更轻，结构系统也将自动回应变化的荷载。这种1英里高的塔理论上能被冻结成一个完美直立的形态，在风压或者其他干扰因素下也一直保持直立状态，没有一点偏差。但是，吉达塔（the Jeddah Tower）仍然沿用了传统高层建筑的审美，其外型基本上是一个被拉高的金字塔。我更希望选择塔式建筑在高度上达到更高的层次，而这也许可以通过风力发电机组利用高空中的强风，同时用固定在外部承重表皮上的执行器排成基本致密的肋肋构架网格来保证建筑的竖向稳定。我也会使用一个群组的执行器，以保证在某些执行器失去作用时，别的执行器可以即时替补，模拟一个有着成千上万的合作者的强大网络，就像鸟群中的鸟。

4

发展形体

建筑主体是不断进化中的独立宇宙

4.1　我个人的大脑

我的大脑以一种最复杂的方式连接着世界上其他60亿的大脑。我通过图像、声音、气味、文字、无线电波、光和运动与其他大脑连接。声音进入我的大脑，通过语言、音乐和噪声向外传播。正如匈牙利作家弗里格耶斯·卡琳蒂（Frigyes Karinthy）最初在1929年的著作《一切都不一样》（*Everything Is Different*）中提出的那样，平均来说，我与地球上所有的大脑通过六度分离联系在一起。我的大脑如果不与其他成千上万的大脑连接，就不可能发挥作用。恰当地说，从来没有一个孤立的大脑存在过。大脑是在与数百万其他大脑的联系中进化而来的。只有通过它们的连通性，它们才能从原始的阿米巴阶段发展到我们现在生活的阶段。如果我不是这样一个紧密相连的大脑网络的一部分，我就什么都不会，没有语言，没有知识。我还假设我们的大脑像蜂群一样运转，实时连接邻居的大脑，输入数据，处理信息，并再次生成输出数据，然后被同伴们接收。这是一个单一程度的分离，类似于一个单一程度的连接。在六度连接范围内，我可以连接到其他大脑。我生活在一个广泛共享的环境中。

这种连通性不仅存在于人类物种之间，也存在于人与他们周围的物体之间，这些物体也具有一定程度的分离/连通性。例如，汽车等产品的造型也与其他设计有一定联系。几乎所有事物都以某种方式与其他事物相关，要么来自同一物种，要么通过相似但来自不同物种的特征相联系。进化的本质包括产品的迭代更新，也就是说，回形针、陶器、家具、电脑、手机、汽车、房屋、高速公路、飞机、城市、填海土地、卫星、空间站的进化——所有这些都是不断更新迭代的。

一个人的大脑与其他人、文本、图像和网站之间的联系和分离的程度反映在"个人大脑"（Personal Brain）软件中，该软件由大脑技术公司（The Brain Technologies）于1988年开发。2001年1月，我在代尔夫特理工大学的就职演讲中使用了"个人大脑"软件，通过自己的大脑导航显示图像，而我的虚拟朋友马龙（Marlon，见www.haptek.com）问了我一些问题。这篇就职演说为超体研究组随后对群体行为的研究奠定了基调。

4.2　我的个人设计点云

我的个人设计宇宙由空间中相互作用的点群组成，这些点群通过意识到它们自己的力场无线连接，与它们的近邻通信，并受动力线的强大力量支配。我的设计宇宙包括相互作用的点云，每个点都表现得好像它是世界的中心，即使它只是"某个地方"，就像我们的地球只是银河系中的某个地方。你的宇宙的中心就是你所在的地方。所有的生物和所有的人工制品都感觉和表现得好像它们是世界的中心，因为它们不得不从局部思考。每个点都是一个参与者，总是忙于测量和调整其相对于其他点的位置。每个点都是一个执行器，触发其内部程序的执行。每个点都是一个IPO、一个接收方、一个处理器和一个发送方的集合。我的个人设计点云的每个点都显示行为，它有个性和风格。点云的每一个点都是一个可以演奏的微观乐器、一个有待展开的游戏。每个点都是一个运行流程、一个细胞自动机。

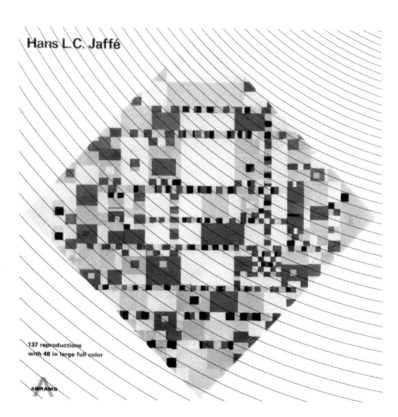

《百老汇爵士乐》
（彼埃·蒙德里
安1942年作）

Mondriaan，1985

汉斯·加菲（Hans L.C. Jaffé）著

Harry N Abrams出版，纽约

035　蒙德里安的个人世界

　　彼埃·蒙德里安（Piet Mondrian）的个人世界没有终点，也没有起点，他的想象世界超越了他的绘画边界。在蒙德里安的宇宙中，所有组成部分——条纹、色块、白色画布上的彩色方块——都是他想象出来的运动。蒙德里安在绘画时所做的是尽可能长时间地保持组件的运动。每天他都会改变画布上组件的位置。因此，他的布面油画《百老汇爵士乐》

弗兰克·斯特拉
CYTHOLOGY
综合维度展
宗内霍夫
阿默斯福特
1991

卡斯·奥斯特豪斯摄

（Broadway Boogie Woogie）是一个充满活力的宇宙的例子。在蒙德里安的工作室里，他的周围都是这样的例子：他实际上生活在自己的世界里。这幅画可以看作是一个无限宇宙的局部致密化，在这里，演员们，也就是条纹和点，被蒙德里安的个人大脑所吸引和组织。他个人世界中的局部和瞬间被捕捉，化为成果的结晶。博物馆中的观察者通过他的绘画使之变得再次栩栩如生，在检索视觉数据的同时重建这样一个宇宙。

036 弗兰克·斯特拉的绘画融入建筑

弗兰克·斯特拉（Frank Stella）把这幅画从墙上解放出来，并由此强化了他的工作空间。《工作空间》（Working Space）也是他1986年写的一本书的书名，这本书将他自己的作品与艺术理论联系起来，这种联系广泛，从卡拉瓦乔（Caravaggio）经由波洛克（Pollock）再到街头涂鸦艺术家都有涉及。在极简主义时期之后，斯特拉创造了一个多彩的、生物形态的、神秘的、千变万化的、抽象和复杂的个人世界。斯特拉受波洛克的启发，学会了用程序手势来覆盖一些表面，但他也会在其他表面上绘制几何图案。然而，斯特拉对我个人作品的重要性在于，他把平面绘画发展成了空间上的。伊洛娜·勒纳和我邀请斯特拉在1991年的"综合维度"展览中展示他的"锥与柱"系列（1986）中的一个三维结构，这个展览是由我们和位于阿默斯福特的德·宗内霍夫博物馆（Museum De Zonnehof）的保罗·库芒（Paul Coumans）共同策划的。斯特拉的画变成了多层次的结构，突出展示在画廊的展览空间。斯特拉最初使用帆布，后来用铝夹芯板等建筑材料创作，这些材料可以抵抗被抛入空间的力量。斯特拉将部分重叠的层画进建筑中，后来以分离的三维雕塑物体的形式出现。斯特拉的抱负让他的愿景在建筑的规模上得以实现，正如他为格罗宁根博物馆（Groninger Museum）和德累斯顿（Dresden）的艺术博物馆综合体（Art Museum complex）设计的展馆一样，展示了自己的设计风格，但不幸的是，这两个都没有实现。

作为一个生命体，我对点云的概念产生了共鸣。我把自己移动到这个点的位置上，我将这个点进行心理化。我将设计点云内化在脑海中，将点空间映射到我大脑的神经元上；这些观点充斥着我的大脑。点云是我的集群建筑设计产生的初始条件。我的点云没有层次结构，没有中心，形状总是在变化，就像任何群体一样，是可变的、动态的、交互的、主动的。这是一个活生生的图表，把我的大脑连续体作为它的栖息地，连接到其他60亿个大脑，连接到其他不稳定的概念和想法，连接到我所看到的周围或新或旧的基因。我的点云结构是一个量子BIM（qBIM），其本质上是参数化的，对强加的外部数据流是开放的，从点蜂巢的参与者之间的双向关系中推导出其内部一致性。基于点与点之间的连续事务，蜂巢处于持续进化的状态，积累了最终在进化发展中实现实质性飞跃所需的临界质量。蜂群（点的组合）被不断更迭，最终形成成果，使鸡从蛋中分化出来。

4.3　我的个人世界

我之所以必须提出个人设计点云的概念，是因为个人世界是每个设计师开始构建概念的基本条件。每一个设计都源于一个不断发展和高度连接的世界。每个设计师都融入了某种形式的个人世界，一个由多个节点和连接组成的世界、一种抽象的结构，以大脑为栖息地，辅以设计师的形体和形体延伸。在我们所知的宇宙中，有行星系统和星系，数以百万计。由于我们不知道用望远镜所能看到的东西的确切性质是什么，所以它只能被描述，而通过描述，我们大脑中的宇宙可以被构建。

我在自己的大脑中构建的抽象的宇宙系统具有特定的特性，这些特性很可能与其他设计师头脑中的宇宙结构不同。我的个人世界是由一群非物质的物体组成的系统，它们通过行为规则相互联系。我的个人世界是由行动者和执行器组成的，而不是由没有目的的相互缠绕的静态物质组成的。我一直训练自己质疑那些坚硬的原子的存在，甚至质疑夸克的物理存在，

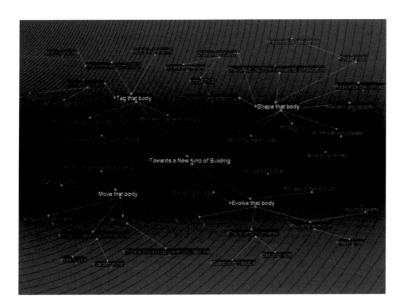

对一种新型建
筑的个人思考

thebrain.com

因为我知道，把原子想象成坚硬的小圆球是错误的；因为我知道，宇宙中的萌芽块比原子小得多，其中一些像希格斯粒子（希格斯粒子尚未在日内瓦的大型超级对撞机装置中被发现）这样的小块，实际上根本不是有形的成分。它们到底是什么还不知道，但是我们不应该陷入使用简化的、因此是错误的图像的陷阱。使用错误的图像会阻碍进一步的发现，过度简化且因此具有误导性的图片就像一场演出的终结点，就像暂时抓住的锚点，但在本质上是具有误导性的。在我个人的普遍构想中，我假设参考点是遵循一组简单规则的无形张力场，这些规则让它们保持距离、吸引或排斥、聚集在一起、朝着某个方向有驱动力、按照群体逻辑行事。没有两个完全相同的点，这同样适用于一群鸟、一群鱼、一群人。

对我来说，最具挑战性的假设是，如果与蜂群的类比成立，结果会是什么样子。那么，没有一个夸克或希格斯粒子会与另一个相同。在定义它们物种的基因特征的范围内，它们都有各自独有的特征。据我所知，我在与物理学家的讨论中验证了这个观点，微观世界的这种量子行为方面还没有被考虑进去。质疑最小粒子的量子本质引出了一系列新问题，开辟了新视野。我的目的，我毫不掩饰的行动，是要找出建筑和量子科学之间的联系。我希望建筑和设计能够同时是可验证的、可证伪的、直观的和不可预测的。

4.4　交流空间

在阅读了《科学美国人》（*Scientific American*）上的几篇文章和阿萨·阿里达的著作《量子城市》后，我对量子物理学家提出的问题产生了兴趣。毫无疑问，阿里达把量子看成一

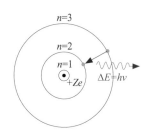

尼尔斯·玻尔 （Niels Bohr）的 原子模型

wikipedia.com

个隐喻，但是因为我不太喜欢隐喻，所以我寻求的是一个量子的内在意义。如果我拒绝隐喻，不允许自己使用虚假的图片，那么在构建我的个人设计世界时，我又如何能够使用"量子"的概念呢？在我看来，引入群体行为的概念来解释量子力学的悖论似乎是一个有趣的选择。我知道我不是量子力学方面的专家，但从某种程度上来说，我可以用量子逻辑来思考。量子力学中还没有解决的一个问题是量子点有两个面，这取决于你怎么看它，取决于你怎么测量它。或许测量行为本身就是量子系统的一个外部因素，导致了系统呈现出不同的状态。

想象两群鸟（显然是我最喜欢的心理绘图设备），一群在空中，另一群被电线吸引。在这两种情况下，它都是相同的群，但以不同的配置绘制。我们必须意识到，电线上的鸟仍然成群结队，但有些事情已经发生了巨大的变化；它们被长电线所驱使，这条长电线的作用是把它们吸引到电线上，使它们整齐地排列在一起。我必须假设在电线上的鸟仍然处于对接模式，它们仍然遵守关于距离、速度和方向的基本对接规则。只有驱动系统的参数发生了变化，有些参数，比如速度参数，甚至被设置为零。所以我的直觉是这两个构型是同一群的两个可能的面。

回到量子物理学，我的直觉是量子点的粒子伪装和波伪装是同一量子群的两个面。这两个面不能同时出现，鸟群不是在电线上就是在空中。通过人类外太空眼睛的技术扩展，比如显微镜，干扰系统就像吸引鸟儿坐在电线上一样。如果真的是这样，那么我们应该能够在一个动态参数模型中对其进行建模，在一个有着实时通信组件的量子世界中，交换信息，互相学习，随着时间的推移而进化，受外力的影响。如果我的假设是正确的，那么量子点必须能够在运动的同时被测量，只要可以在量子系统的动力学中工作，只要在测量时没有破坏动态量子的逻辑，只要可以将系统作为展开的交易博弈运行，并在展开的交易中从玩家的角度观察系统。

这一观点将焦点带回了ONL的可编程项目和超体研究组的博士学位研究，即关于在"实时创建"中设计、在设计游戏中进行设计以及一般情况下在进化中生存的研究。在这里，设计过程被视为交流（transaction），这些预置被认为是方便用户与其当前环境之间进行交流的空间——用户与用户之间、组件与组件之间、用户与组件之间的交流。

移动中的iLITE灯

ONL［Oosterhuis_Lénárd］2007/

飞利浦馆/超体研究组迪特尔·范多伦

4.5　量子宇宙的实例

正如这个世界上有很多不同的人、不同的工业产品一样，不同的个人世界也同样存在。所有的这些个人世界都有其特定的特征，彼此之间又有共通的特性，但在细节上也各不相同。这些个人世界之间的动态关系和交流之所以能够存在，是因为它们略有不同。因为彼此间的不同，才有了信息交换的机会。假设所有个人世界都是完全相同的，那么信息交换将完全是无意义的。信息的接收者只能确认："是的，我同意"；"是的，你是对的"；"是的，我也是。"经过一些沟通尝试，这些相同的生物将停止交换信息。这在原子和夸克的层面上不是一样的吗？如果粒子确实是相同的，系统不会完全停止吗？我认为这个思考练习为不相同是动态系统交换、沟通，以及整体进化的主要条件的观点提供了一个强有力的例子。

我从小就对蒙德里安的个人世界很感兴趣。他的同龄人头脑中也有类似的宇宙，却有着略微不同的、不那么愚蠢的学者风格。这些充满了他们个人世界的头脑一起组成了一个群体，荷兰风格派（De Stijl）群体，一群有共鸣的大脑，与那个历史时期的大多数大脑不同步，只在很短的时间内彼此同步。他们只是在很短的时间间隔内接触彼此的脑电波，然后得出自己的结论，向不同的方向进化，再次彼此分离。我觉得蒙德里安的个人世界与我的密切相关。他把他后期的绘画看作是一个不断运动的宇宙的暂时结晶，而不是静止的。他的宇宙一定是一个运动着的世界，他一定看到了漂浮在水平和垂直方向上的条形图、在广阔的白色空间中跳动的点，而不是像照片和艺术家们对宇宙的印象经常暗示的那样，是一个黑色的空间。他还必须认识到这些线和点不是相同图案的复制品，它们都有自己独有的特征，这正是它们漂浮和移动的原因。只有当事物不同时，势能才会被建立起来，这就是运动的必要条件。蒙德里安一定觉得自己生活在这一系列漂浮的线条和彩色地毯之中，不是看着它们，而是沉浸其中。因为他把自己关在画室里，为了在自己的画中生活和工作，他的世界不仅在他的前面，而且在他的后面，在他的下面和上面，在他的内部和外部。

作为一个处理空间现实的建筑师，我对如何将这样一个个人的世界映射到一个三维的世界很感兴趣，而不是像蒙德里安作为一个画家那样在一个平面的画布上作画。建筑师兼家具设计师赫里特·里特费尔德（Gerrit Rietveld）是蒙德里安的同行之一，他在设计施罗德住宅（Schröder House）时，发现了一种令人信服的方法来发展空间连续性的概念。现在我们将用动画技术来说明这个概念，在无限的空间中缓慢移动的条带和彩色的田野，以可变的速度改变相对距离和绝对大小，出现和消失，改变方向，集中和去中心化，在每个细节中表现出不可预测的行为。

我第一次尝试这个方向是在1988年的鹿特丹，当时我受到馆长埃弗特·凡·史崔登的邀请，为特奥·凡·杜斯堡博物馆的博曼斯·范·博宁根展览拍摄"特殊之家"（Maison Particulière）的视频。我试图在一个动画场景中捕捉那个连续的宇宙，用当时最先进的计算机软件构建。动画的基础建立在移动独立的组件上，其中的"特殊之家"代表一个临时的实例。我在一个白色的三维虚拟空间中放置了单独的彩色组件，将每个组件单独连接到空间中的指定路径，所有组件都是暂时的。我选择创造一种交替的效果，在这里，你会看到房子简洁的结构，以及当它被拆解后，无尽的空间里所漂浮着的单个元素，从而讲述看似不相干的部分如何能暂时形成一个统一的整体。通过这个项目，我对个人的设计世界如何变成三维的环境有了深刻的理解。2007年，飞利浦公司邀请我在国际灯展上做一个互动装置，在超体工作人员的支持下，我再次创造了一个动态系统，这个系统由不断变化的光柱和光点组成，被参观者出现的强度和速度所触发。我认为我的设计工作主要是设计运动中的物体，作为一群萌芽的物体中的一个家庭成员，作为物质和概念的局部密集化，作为一个不可预测但可量化的量子宇宙的实例。

037　一种新型科学

史蒂芬·沃尔弗拉姆于2002年出版的《一种新型科学》一书有1000多页，但这并没有阻止我从头到尾读完这本书。书中说大自然是可计算的，这句话让我特别着迷。为了证明他的假设，沃尔弗拉姆提出了计算等效（computational equivalence）原则，即在自然世界中发现的系统可以执行最高（通用的）计算能力级别的计算。他声称大多数系统都能达到这个水平。复杂的自适应系统，如人脑或全球天气系统，计算过程大体上类似于计算机。计算是从一个系统到另一个系统的输入、处理和输出。因此，大多数系统，性质和产品一样，在计算上是等价的。

　　沃尔弗拉姆的自然物理见解与我的观点完全一致，即人与建筑组件必须被视为相互作用的参与者。总的来说，环境是一组复杂的交互自适应系统，包括人类参与者和工业参与者，包括所有建筑组件。当人和建筑组件通过嵌入微型处理器进行标记时，他们都能使用相互认可的计算语言进行交流，很明显，自然生命和产品生命不再被视为对立的。自然将不再是你自己之外的东西，也不再是你一直被包围着的产品之外的东西，尘埃在本质上是一种计算，产品生命是一种计算，而你自己和你周围产品之间的关系也是一个计算过程。

《一种新型科学》
2002

wolframscience.com

038　媒介即按摩

　　马歇尔·麦克鲁汉在1967年写了一本名为《媒介即按摩》的书，书中列举了一些不常见的媒介对人类感官的揉捏作用［平面艺术家昆汀·菲奥里（Quentin Fiore）在他的书中对其进行了可视化描述］。虽然当时我没有读过这本书，所以很长一段时间都不知道书的内容，但是我在盐水亭的室内设计中运用了类似的媒介逻辑。我将盐水亭的上部空间命名为"感受器"，却没有意识到麦克鲁汉用这个词来表示包括人体皮肤在内的感觉器官的复合体。"感受器"的目的是创造一个对我们感觉器官的真正的按摩，重点是耳朵、眼睛和皮肤。皮肤是感受水的渠道，眼睛感受光的景象和虚拟的深度环境，耳朵感受声的景象。这种信息与北海浮标上的气象站实时相连，测量波长、风速、盐分含量、温度。程序员将这些数据作为原始数据，即没有原始含义的原始数据，提供给运行MAX MSP软件的电脑，将原始数据转换成MIDI信号，数字在1~128之间。MIDI信号依次向操作玻璃纤维光学的专业混频台的自动滑块提供信号，并向声音合成程序提供实时更新的声音样本选择，即每秒20次。公众体验到光和声音的信息，对具体水资源管理相关问题的详细信息更易于接受，而这是客户——荷兰交通和水利部——希望在设计中传达的。

《媒介即按摩》
1967

marshallmcluhan.com

4.6　在进化中生活

　　每天，我想象着我们周围世界中最小的组成部分的行为本质，包括通常被体验为自然的世界和通常被视为人工的世界。看看你的周围。如

阿布扎比的纳
赛尔总部

ONL [Oosterhuis_Lénárd]

2007—2011

24° 25'12"N
54° 26'30"E

果你坐在一个房间里而不是户外，你会看到什么？你完全被各种各样的东西包围着，被各种各样的产品包围着，有小的产品，也有大的产品。我敢打赌，你周围看到的95%的东西都是由极其复杂的产品组成的。我们常常认为产品的复杂性是理所当然的，但就我个人而言，我对产品如何聚集在一起的复杂性非常感兴趣，甚至对有机自然的复杂性更感兴趣。周围的人工制品是在相对较短的时间内从零开始发展起来的——短短几千年，然而，已知的宇宙据估计有将近140亿年的历史。

我在前面已经说过，通过对大量工业产品的移情技术，通过对它们的行为进行心智化，人们实际上可以感觉到自己生活在进化之中。人们通过观察不断进化的产品来感受进化的过程。例如，我喜欢观察汽车品种的发展。我很高兴地观察到，从1930年的标致201到未来主义风格的标致208，技术方面与造型方面是如何相互交织的。令人着迷的是，车头灯是如何从独立的元素演变成一个完全嵌入车身的智能部件。

我的设计宇宙也由进化的组件组成，这些组件生活在进化中。我对改变进化过程的每天变化的参数很敏感，这种改变对最小的组成粒子和较大的产品都有影响。我意识到物体内部驱动力的动态性，我几乎可以从身体上感受到物体之间持续的互动和信息的交流。我看到他们的行为，虽然表面上他们似乎是静态的，但它们不是静止的，它们只是缓慢地移动。我知道外界的力量对物体的吸引和排斥，改变了它们的视觉形状，但不是简单的规则就能达成视觉复杂性。我也意识到规则本身的进化性质，进化正在改变规则。所有的设计师都应该有这样一种意识，这样一个不断发展的设计宇宙与其他众多宇宙相连，这样一种一个人操作的心理结构，形成了建筑师执行设计规则的基础。

4.7　量子建筑学

像量子物理学这样抽象的东西怎么可能对建筑设计概念的发展起作用呢？乍一看，这似乎是极不可能的，但这两个领域之间的相关性可能是相当强的。回顾过去的30年，我意识到，从我帮助伊洛娜根据身体的即时动作创作她的自主艺术作品开始，我一直在研究量子架构，没有给它贴上任何标签，也没有使用这个词。

在那些年里，我从1990年开始在柏林和代尔夫特理工大学的白画廊组织人工直觉工作坊并授课，接着在1991年，伊洛娜·勒纳和我在阿默斯福特的宗内霍夫举办的"综合维度"展览期间，组织了全球卫星工作坊并授课。在1993年，勒纳、鲁宾斯（Rubbens）和我共同创立了阿提拉基金会（Attila Foundation）。1994年，我创立、组织并领导了国际建筑基因研讨会。1996年，在鹿特丹R96节，我"教"充气寄生虫（paraSITE）网络休息室读写环境声音。在1996/1997年，我将实时行为应用于盐水亭内部的灯光和声音装置。1999年，我

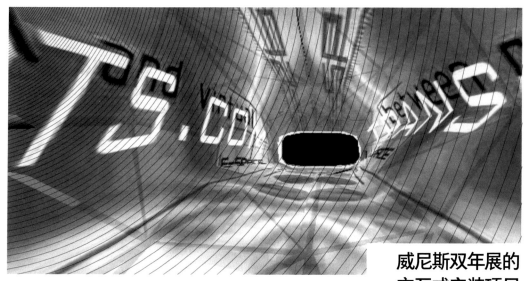

威尼斯双年展的交互式安装项目 Trans-Ports

ONL [Oosterhuis_Lénárd] 2000

在奥尔良（Orléans）的第一届建筑实验室会议［由玛丽-安吉·布雷尔（Marie-Ange Brayer）和弗雷德里克·米加鲁策划］上提出了Trans-Ports模式。2000年，我在代尔夫特理工大学建筑学院创建了超体研究组，同年为威尼斯双年展（由M. 富克萨斯策划）提出了实时行为馆Trans-Ports。

是什么让我意识到，我们周围的世界正在发生一些根本性的变化，让我们有理由把自己和同行的工作都贴上量子架构的标签？为什么"量子"这个词如此充分地描述了已经取得的成就？虽然我很清楚自己在做什么，也很清楚自己为什么这样做，我最初没有用"量子"这个词来描述我在做的事情。回想起来，我知道我讲的量子方面是不可预测性行为的不确定性概念的最小组成成分。从我开始的那一刻起，将最小的组成组件视为喋喋不休的参与者，而不是死寂的静态对象，我意识到自己是在基于一种新的架构理论。建筑不再是构成的问题，而是行为的问题；它变成了建立关系、通知和被通知、处理和被处理的问题。这些实时处理的建筑物是由演出者动态演出形成的，而不是由具有冻结特性的静态对象来制作的。

处理信息的持续本质是一个永无止境的过程，类似于生命本身的可执行本质以数十亿个离散的步骤展开，它只能通过隔离一种类型的信息，同时忽略甚至销毁其他类型的数据来"平面化"。想象一个建筑，它的行为是在一个不断变化的过程中，与它的环境和它的用户互动，在

鹿特丹R96节日上的寄生虫网络休息室

ONL［Oosterhuis_Lénárd］1996/
阿提拉基金会/卡斯·奥斯特豪斯摄

这个建筑中，所有的组成部分都在实时变化，每秒钟变化很多次，就像生命本身的流动，作为一组复杂的可执行细胞自动机，以离散的步骤展开。如果你问这种建筑的节点的确切几何位置，你肯定会否认它的行为波函数。这和量子困境惊人相似。一旦你确定了粒子的确切位置，就一定会失去波型。一旦你拍下快照，即一个活生生的过程的实例，就把自己推入了一条没有进一步发展可能的死胡同。然后，关系是固定的，行为是死的，所有关键的信息流都误入歧途了。

4.8　不可逆性

肯定有办法摆脱监控的困境。我觉得我需要和量子物理学家讨论这个问题，所以我开始和彼特·维玛斯（Pieter Vermaas）讨论，他来自代尔夫特理工大学的科技、政策与管理学院（TPM）。我一点一点地把对话引向量子力学中的行为概念，但我没有得到积极的回应，在我看来，量子物理学家的世界还没有进入一种新型科学的领域，这种新型科学是指认为量子宇宙是离散的，可量化步骤地自动执行计算，就像一组复杂的细胞自动机。我提出，每一个粒子，就像夸克和玻色子一样，都是一个个体，在一定的行为可能性带宽内具有自己的特征，就像在高速公路上行驶在白线内的汽车一样。我认为一个粒子不应该被看作与其相

**哈勃望远镜观
测的LMS 49A**

hubblesite.org

邻粒子完全相同。我进一步表示，我支持宇宙的历史：没有一个星系是
一样的，没有一个行星与其他行星一样，在一群鸟中没有一只鸟与其他
鸟一样。那么，为什么要以如此狭窄的绝对方式看待原子和电子呢？我
建议把粒子看作是动态的信息处理装置，看作是创造性的行动者，与它
们的近邻交换信息。我不得不得出这样的结论：量子物理学的科学理论
并没有试图用这种计算的方式观察我们内心的微观世界，至少在科学文
献中没有。尽管科学家们谈论的是粒子之间的行为和相互作用，但这种
行为是用数学方程描述的（$\Delta x \Delta p \geqslant \hbar/2$。其中，$\Delta x$ 为测量粒子位置的不确
定度；Δp 为测量粒子动量的不确定度；$\hbar = 6.626E{-}34$，为普朗克常数），
这就假定相互作用可以逆转，忽略时间。史蒂芬·沃尔弗拉姆质疑的正
是这种可逆性。因为他认为自然是一种计算，而计算不能反过来设置，
相反，它是展开的，它自运行着自身进化发展而来的简单规则。用一个
简单的短语阐明"可逆困境"：鸟类群体的行为是不可逆转的；群体的
成员正在运行程序。最终，科学家们将需要重新发现宇宙空间的构成要
素，并找出行星和恒星是如何从这些构成要素中组合而成的。

　　所以，我留下了一个开放式的问题，这鼓励我最终深入研究这个问
题。我个人的直觉是，物质只会让人感到坚硬和有形，因为生命是在
人类称之为自己的尺度范围内构建的。当你深入物质时，你看到的只有
无尽的无限空间。因此，一定是信息密度的差异决定了人类对物质的感

受。在软软的云朵内部或坚硬的金属内部，你会看到完全相同的无限空间。在原子内部，你会看到另一个无限的空间。我必须假设，这种无穷会由黑洞松散的末端将我们带回起始点，像时间的沙漏一样，作用于无限多个平行宇宙中的任何一个。

你还能跟上我的思路吗？问问物理学家，读读《科学美国人》。正如史蒂芬·沃尔弗拉姆假设的那样，空间可能是一个巨大的节点网络，这些节点只与它们直接连接的节点进行信息交流。像沃尔弗拉姆一样，我尝试着将宇宙看作一个无限膨胀的三维细胞自动机，执行相对简单的规则，只有当我们把所有的物质都转化为信息，使我们的宇宙系统的熵水平几乎为零时，我们才能完全掌握它。熵被定义为一个系统的信息量，在对系统进行了一定的测量之后，仍然是未知的。

039 尼古拉·舍费尔1961年环游控制论项目

从1988年9月到1989年9月，我在巴黎附近的默东的凡·杜斯堡工作室生活和工作了一年，由此了解了尼古拉·舍费尔（Nicolas Schöffer）的作品。一年后，我和伊洛娜在阿默斯福特的德·宗内霍夫博物馆发起了"综合维度"展览，由保罗·库芒策划。德·宗内霍夫博物馆是由赫里特·里特费尔德设计的一个可爱的小建筑。碰巧旁边的那栋建筑是我身为建筑师的父亲最出色的作品之一——LEVOB保险公司的办公楼。在"综合维度"展览中，被选中的一些作品是尼古拉·舍费尔的"城市控制论"（La Ville Cybernétique）项目的插图。伊洛娜、保罗·库芒和我去了他在巴黎的工作室为这次展览挑选作品。不幸的是，舍费尔已经病得很重了。他的妻子埃莉诺·拉文德拉·舍费尔（Eléonore Lavandeyra Schöffer）带我们参观了一下，并办理了这些作品的出借手续，最后，我们被允许短暂地进入躺在病床上的舍费尔的房间。他察觉到伊洛娜是匈牙利人的名字，事实上，伊洛娜确实是土生土长的匈牙利人，他们用匈牙利语交谈了半个多小时，这对他来说显然是极大的快乐。他自发地捐赠了一幅用他最近买的麦金塔（Macintosh）电脑画的小画，这是他唯一的艺术表达方式，因为他再也不能用手画画了。一个月后，尼古拉·舍费尔去世了。个人的经历增强了我对这位创新的控制论艺术家的敬意。他早期的控制论作品，比如1961年在比利时列日建造的环游控制论（Tour Cybernétique）项目，基本上已经具备了当前交互式剪切和体系结构构建的许多特性。基地里有一台20世纪60年代版本的电脑，人们可以听到石器时代数字处理器处理麦克风传入的数据，并将修改后的数据发送到旋转的灯具和音响设备上的开关声。52米高的环游控制论项目仍然在那里，现在使用的是最新的计算技术。这座塔标志着公共空间互动切割的开始。50年过去了，互动艺术和建筑已经成为主流范式。一种简单的互动形式现在经常应用于LED立面、公共广场上的喷泉，以及政府机构支持的博物馆展品的互动展示方式，如林茨（Linz）的奥地利电子艺术中心（Ars Electronica）。但互动范式的最佳时代尚未到来。控制论的原理，

环游控制论项目
列日
尼古拉·费舍尔
1961

罗伯特·多伊斯诺（Robert Doisneau）
摄

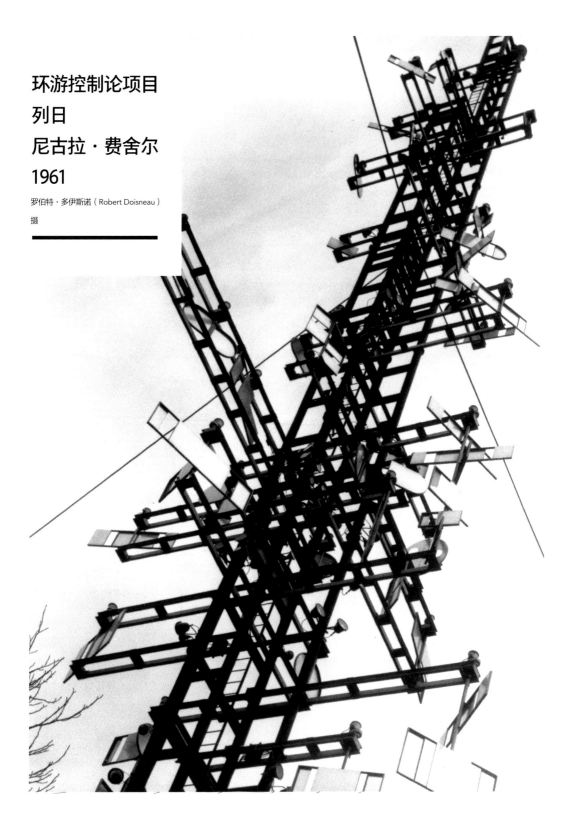

假如比平面交互性更强，将被应用到整个建筑的完整环境中。互动从20世纪50年代和60年代早期的动态艺术发展成为运动建筑的内在特点。舍费尔的书《城市控制论》（1969）呼吁艺术家和设计师积极参与城市设计。舍费尔发现，作为一个艺术家，需要接近控制中心的核心，以便影响社会的感觉和外观。负责的艺术家与我们的观点是一致的，即设计师应该积极地在协同设计和工程过程中寻求一个负责任的角色。设计师不应该仅仅满足于一个下属的顾问角色，还应参与到财务基础中。设计师可以成为一个有文化的企业家，或者成为一个建立更大的互动项目的人。

4.9　用线设计

让我们从我这个外行人对量子力学的推测回到量子结构。量子结构的概念给我一种舒适的感觉，那就是生命是令人愉快的、不可预测的。从量子理论出发，我推断出智能建筑组件也将发挥作用，因为最微小的可想象的构建块在它们的节点之间编织信息线索。建筑组件是执行简单规则的本地参与者，它们不知道围绕它们的更大的组件群，而这些组件是它们的一部分。演员只能在所在区域表演，只能在他们表演的舞台上表演。但是，为什么要把这种方法称为量子架构呢？为什么不只是行为架构，或可编程架构，或互动架构，或情感架构，这些我之前创造的术语，我认为它们本身就足够了，但是量子方面给出了更多。

那么，为什么量子的概念应该恰当地描述实时行为的建筑构件的"精神状态"呢？我认为不可预测性的概念是主要因素，并标志着实质性的不同。在一群鸟中，没有人能准确地预测每只鸟会做什么。就像天气一样，你知道会发生什么，但你不能预测所有构成粒子的行为和确切位置。只是有太多的活动粒子，数字运算过程不能作为一个精确的模拟来执行，有太多的数据要处理。生活只能在真实的时间里展开，不可逆转。生活除了自我执行别无选择。我们人类只能成为其中的一部分，但我们可以为在进化的环境中生活而感到兴奋。

最后，如果有人试图对我们所知道的宇宙进行一个完整的模拟，我坚信，它所花费的时间将和宇宙变成现在的样子所花费的时间一样长。这意味着，在人类的一生中，人们将不得不使用比普遍现实更简单的信息模型，而不是它的简化版本。让模型处理数据并指导它展开以做出我们的预测。量子BIM并不是对我们周围复杂世界的简化，它本身是一个新的存在，随着时间的推移不断发展和演变，从而垄断信息。信息架构师必须采用一种新的态度来处理不精确的数据、大量的数据、不断变化的环境、带宽和概率范围，而不是离散的静态数据。一个人必须学会在流模型中工作，学会动态设计，从而产生执行设计行为的整体。这种动态设计，只能通过相互关联的设计方式来实现，正如飞机与飞机之间的关联、汽车与汽车之间的关联，一切向着无线进化。

4.10　运动中的建筑

让我试着抓住量子体系结构范式的重要性，以及为了实践体系结构而进行用线设计的必要性。前瞻性的做法，如ONL与参数化软件（如Revit Architecture、ProEngineer、Digital Project、Generative Components、Virtools）合作，并使用用户友好的Grasshopper/Rhino软件，支持动态工作方式。在代尔夫特理工大学的超体研究组以及原空间实验室的日常实践中，我们使用Virtools、MaxMSP、Arduino以及Processing和Grasshopper这样的软件包工作。此外，超体研究组还发现有必要开发内部特定的设计工具，将群体行为的概念应用于超体教育、研究和项目中。

特别是受到Virtools游戏设计软件的启发，我很快发现架构的设计过程应该被看作一个正在开发的游戏。在开发游戏中，我将建筑的经典学科如造型、建筑、气候设计等引入游戏中，我开始将建筑的设计过程看作是一个IPO的过程，类似于意识到萌芽的身体本身就是IPO的载体。逐步开发建筑信息模型意味着将开发引向成熟萌芽体的设计，准备好在城市结构中行动和响应。在多年使用现有的软件和已经过时的软件之后，我们意识到必须重新设计参数化软件的标准，以纳入实时行为的概念。这意味着所有输入数据都应该设计成流的形式，所有输出也都应该以流的形式发送，所有关键数据都应该通过开放源码技术（如XML）传输，我得出的结论是，模型必须是一个运动的物体，而不是静态萌芽信息模型中的一组固定数据。事实上，我为BIM提出了一个新的含义；我建议将BIM的意义提升到动态的形体。在未来10年，ONL和超体研究组的成员们将研究量子BIM的相关性，处理不确定性和不可预测性的原则，以及确认建筑理论新领域的出现，量子体系结构的理论和实践——不是作为隐喻，而是作为嵌入跨活动定制设计工具中的行为群体技术。

4.11　动态图

我们必须从构建动态图（living diagrams）开始。这个动态图是相对简单的行为模型，却是基于具有挑战性的新局部活动节点群体行为范式构建的。以一种不同的方式观察已知的自然，人们可以走得更远。人们可以假设物质不存在，没有粒子，没有量子点，至少没有以有形物质的形式存在。如果同意物质不存在，那么就必须假设语言愚弄了我们，传统的意象误导了我们。想象我们可以潜入自己的皮肤，将自己缩小到微缩的程度，以环顾四周并体验广阔的空间，感受被碳基生物感受为物质而实质上是由波动形成的内在宇宙。空虚的感受将是压倒性的，甚至比仰望天空时还要强烈。然后，有人被告知有原子、夸克和希格斯粒子的存在。但是你很快就会意识到，如果你深入这些粒子的外壳，就会发现另一个真正的深层空间。那么，为什么科学插图将颗粒描述为固体颗粒呢？插画家找不到更好的方法吗？我必须坚持这个问题，因为我要避免虚假的误导性图片，这些图片误导了人们的真实想法。原始图（就像被简化的断头路，而根本不像真实存在的振动世界）经常使人们无法理解自然和过程实际上是如何工作的。因此，人们应该开发的是动态图而不是静态图。

　　动态图是可执行文件，并且可实时执行。它在本质上是参数化的实时执行，是一个复杂的、可以自然接受外部影响的自适应系统。我们在超体上开发的Virtools设计工具正是为构建动态图而生的。动态图是一个持续进行的过程，即使在看似静止的待机模式下也始终处于活动状态。当从各种链接的数据源中读取新参数时，动态图将彻底改变其视觉配置。动态图永远不会停止处理，永远不会停止吸入数据和吐出数据。因此，动态图也是IPO设备，是大量相互连接的图标中的一员。量子世界中最小的粒子可能就是这样，只是动态图，除了通过人的肉眼作为物理实体观察到之外，没有任何形式的物质化。

　　动态图的概念与史蒂芬·沃尔弗拉姆在《迈向新科学》（*Towards a New Science*）一书中提出的理论完全同步。在他之前还有其他物理学家，他们将自然想象成一种实时计算的形式，其中包括史蒂芬·霍金（Stephen Hawking）和汤姆·斯通尼尔（Tom Stonier）。沃尔弗拉姆在他的书中将自己与把自然视为连续平缓流动过程的神秘观点脱离了联系。相反，他坚持认为自然正在一系列不连续的步骤中发展。因此，沃尔弗拉姆的科学直觉与动态图的概念产生了完美的共鸣。

040 盐水亭的情感因素

　　一般情况下，大型办公建筑的安装预算是总建筑预算的三分之一。盐水亭最具革命性的一个方面是安装预算，包括交互安装，超过了纯建筑成本。我坚持完全整合气候装置，以确保建筑内部的适宜温度和新鲜空气，以及控制建筑主体行为的互动概念。因此，风管是主体结构和室内设计的重要组成部分。进入的空气通过可弯曲的管道从NOX设计的淡水段通过隧道进入我的盐水段部分。弯曲的感受器地板作为整个空间的空气分配器，使空气分散于下部的湿室和上部的感受器。消耗的空气利用空间内部作为管道本身，通过狭窄的椭圆形共享部分被引导回来。互相协调的安装组件使盐水亭呈现惊人的运行状态：循环气流在软管的全景窗户前面给气囊充气，每10分钟转换一次日光与人造光；循环水流每15分钟形成一个水洞，可以让公众从下面通过；光和声音的按摩直接由海上气象站的原始数据驱动；虚拟现实（VR）世界投射在切割的聚碳酸酯直纹表面；传感器板使公众能够与玻璃纤维灯和周围的声音进行互动——所有这些都可以让公众体验到一个包容和复杂的情感变量。

**盐水亭的情感
因素**

ONL [Oosterhuis_Lénárd] 1997

041 松博特海伊的可编程的内部表皮

　　改变形状和实时内容的可编程建筑概念适用于各种常见功能。我们
明白最终的目标是实现一个完整的具有可编程结构和可编程表皮的可编
程初步程序，正如我10年前在威尼斯建筑双年展期间通过Trans-Ports装
置所预见的那样，当前交互模式的转变有大量的实际应用机会。匈牙利
松博特海伊（Szombathely）的韦尔斯·桑多尔（Weöres Sándor）剧院国
际竞赛设计（ONL，2009），我计划了一个完全可编程的内部表皮，想
象一下一种不断运动的内部表皮，在大部分时间它温和地、轻柔地、平
稳地运动，但有时也会剧烈地、猛烈地进行有角度的运动。内部表皮的
变化完全取决于艺术指导想要的效果，以强化表演中所表现的情感。采
用嵌入式电子活塞，可实时形成具有弹性的内层吸声垫。每个吸声垫都
能单独改变形状。不过，大多数时候，它们的运动都被编排成了一种贯
穿整个空间的连贯波传播模式。半软无轴面板也可以被调节以改变声波
的需要。对于一些乐谱，我们需要特定的反射性。声瓷砖是可以实时调
整的，响应的传感器阵列测量传入的声波，并指示面板立即调整。

韦尔斯·桑多尔剧院的交互式表皮

ONL [Oosterhuis_Lénárd] 2009

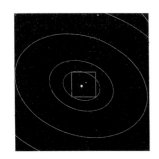

十次幂

1977

查尔斯（Charles）和雷·埃姆斯（Ray Eames）

powersoften.com

4.12　实时协同设计

在涉及实时数据交换的即时建筑理论中，重要的是允许设计人员在连续的工作流程中进行工作，在全范围内进行演化，并在计算中采用大量离散步骤进行演化。他们必须使自己沉浸在不断发展的过程中，设计师的任务是抚养和"教导"婴儿BIM如何在以后的发展阶段成长为成年建筑体。由于不断发展的模型要接受来自许多精心设计的学科的数据输入，因此单个设计者仅具有部分和局部控制权，因为整个项目是一个不断发展的系统，而不仅仅受设计师的私人意愿支配。每当一位设计师访问量子BIM时，更改就会发生，并且这种更改不是由主要设计人员进行的。

2009年，当我分配超体研究组理学硕士二年级项目时，我给学生们的任务是为原空间 4.0版的未来实验室制定一个提案。我建议他们组成包含6个专门学科的小组，并在严格平等的基础上一起工作，这6个小组为结构设计师、气候设计师、材料设计师、交互设计师、样式设计师和制造设计师，尽管我意识到还有其他角色，例如协同设计经理、成本专家、交通设计师、景观设计师、消防专家和灯光设计师，但出于对实际情况的考虑，我将项目设置限制为这6个学科。基本上，专家与定义明确的设计任务一样多。而且，从本质上讲，所有人都是设计师，因此必须找到一种方法，使他们以非等级化的方式进行协作，仅与直接关联的设计师进行信息交流，而无须对整个设计进行概述。在理学硕士二年级项目中，6个定义的学科被视为进化设计过程中的作用力，设计者是过程中的参与者，不再有以前称为建筑师的主导角色。6个设计者都是建筑师，但是每个人代表建筑的不同方面。指定角色是为了明确每个设计师感到舒适并具有专业知识的权限范围。在传统的设计过程中，上述大多数角色通常由一个人垄断，具有父权形象的"建筑师"位居金字塔的顶端。在新的参数化设计游戏中，所有专家玩家都有自己的特定任务，并被授权在其知识范围内发挥这一作用，这意味着他们在自己的范围内是真正主导的设计师。

　　理学硕士二年级项目向我展示了一个令人信服的事实，即团队协作所激发的过程对每个参与者都是有益的，并带来了丰富的新见解。设计师可以更深入地挖掘他们的职责所在。他们的声音被听到了，他们觉得自己的存在和专业知识很重要。我还观察到，每个人的输入都被视为值得尊敬的，是活跃局部贡献给设计整体的一部分，这对每个人都产生了

**超体研究组
理学硕士二年级
原空间4.0**

超体研究组2009

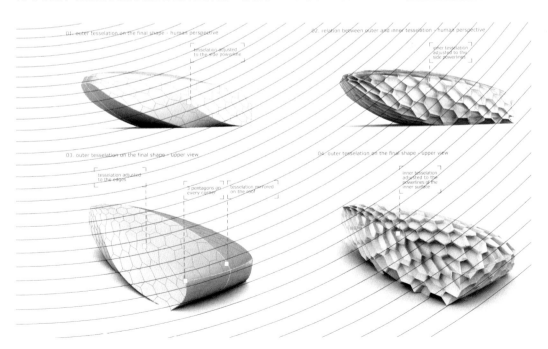

正反馈。设计过程变成了一个协作过程，在这个过程中，参与者彼此围绕在一起，而不是按照传统的金字塔结构进行组织，首席建筑师坐在金字塔的顶端，拉着木偶身上的绳子。

然而，如果有冲突的问题没有通过这样的自组织过程得到解决，会发生什么？谁来决定如何进行？谁来解开一个打结的过程？像超体研究组的汉斯·鲁伯斯（Hans Rubers）博士在他关于协同设计的博士研究（COLAB）中提出的那样，是否有一个看似客观的计算评估系统？决策过程是否可以自动化以避免自上向下的决策？

或者应该直接抄袭竞技体育比赛的裁判制度。当裁判判定球出界了，那么球就是出界了，即使球进了。当裁判判定点球时，那么它就是点球，即使没有犯规。值得注意的是，即使在这里，也有技术进步可以帮助裁判作出决定。计算机辅助系统已经被开发出来，它可以立即在三维空间中回放球的实际轨迹，并准确显示球是进了还是出界了，或者是否有犯规。系统会即时通知裁判员，裁判员做出的第一个决定可以在3D回放的基础上进行即时调整。在网球比赛中，如果球员不同意裁判的决定，他们可以要求看回放决定，但到目前为止，每场比赛不得超过三次。现在，当我们将设计过程视为一款设计游戏时，将裁判引入为另一名关键专家并不是一个坏主意。客户或他的项目经理可以很容易地扮演仲裁人的角色，客户还可以通过一个自动化的设计决策系统来辅助，评估来自各个设计师的建议决策。

前超体研究组学生和前ONL培训生迈克尔·比特曼（Michael Bittermann）博士一直致力于这样一个系统的细节，在限定和量化设计提案方面来协助设计过程，对设计决策进行实时验证。这听起来很复杂，但正如之前所解释的，只要复杂性（complexity）[而不是复杂（complicatedness）] 基于简单的规则，只要它能提高新建建筑的信息含量，只要它能让他们更智能，信息更宽泛、更密集，只要它能把建筑设计行业推向更高水平，这些都不是大问题。这样就可以降低熵水平，提高了简明信息指数。在这一点上，我可以把评估技术看作是一个渐进的演进。为了完成我的论点，将上面描述的技术应用于根据旧的静态模型、根据旧的大规模生产或更糟的规则设计的建筑将是完全无用的。只有当建筑被设计成非标准的和主动的，非等级的群体协作才会相关，从而处理其组成组件的内在连接性。这种非标准性和即时性需要关于如何处理大量数据流的知识和直觉。

4.13　大量数据

　　与基于简单几何形式的标准建筑相比，定制的、复杂的非标准建筑必须处理大量参数。简单的表格可以在你的头脑中计算出来。你可以很容易地想象出一个长方形的房间，可以毫不费力地将矩形的形状映射到一张平面纸上。保守的建筑师可能生活在二维世界（Flatland），他们没有太多问题，却没有意识到空间世界（Spaceland）。但是你们的大脑不能计算大量数据，因此也就不能轻易地计算复杂的形状，因为它们是由成千上万的顶点来描述的，而这些顶点必须由交流的脑细胞来组织。一个低能特才的人也许能记住电话簿上的数千个数字，或者记住数千个不同的坐标，但这些数据不会被转换成一个连贯的结构。对于非标准建筑，人们必须以一种新的方式处理许多问题，即在自己和自己的计算设备之间进行连接跨活动操作。人们需要接受这样一个事实，即任何信息丰富的项目都必须处理大量数据，无论是在设计过程中，还是在其作为功能萌芽的预期生命周期中。

　　有趣的是，传统建筑师通常欣赏自然，欣赏树上成千上万不同的叶子，他们认为这是正常的。事实上，这是自然作用的结果，自然作为一个计算设备，执行简单的规则，创建这种复杂性。如果保守的设计人员能够如此容易地理解这一点，那么他们就不会因为认识到非标准的内在复杂性而感到威胁。人们也不应该质疑处理大量数据生成复杂性的必要性，人们也不应该反对主动结构实时处理大量数据的想法，人们也不应该害怕用实时协作的设计程序去处理和生成大量数据。如果一个人对不熟悉的技术不感到害怕，就可以从新的财富中获利，没有什么比这更自然的了。一个人必须学会通过潜入深海，学习游泳来利用新的资源。这将是避免滋养防御系统，避免背弃日益复杂的当今世界，避免透过后视镜看当今世界的唯一方法。

　　简而言之，复杂性是美的，内在的复杂性和由非标准与即时性生成的大量数据是美的。虽然大规模生产曾经是美好的，但现在工业定制过程中独特的产品将被认为是美丽的，并将是局部逆转热力学第二定律的关键。从此时此地开始吧。

超体研究组
理学硕士一年级
北京798项目

超体研究组2006/南京东南大学建筑
学院

042 北京798

　　在2008年超体研究组的理学硕士一年级（MSc1）设计课程中，我给学生们提供了一些简单但严格的规则，他们可以在这些规则的基础上发展自己的领域。我给他们提供了一个边界条件，它是一个直径为400英寸的球形包络体，由24个空间上相互关联的部件组成，就像一个三维拼图。每个学生被分配设计24件作品中的一件。我给他们的主要程序设计指令之一是只与他们的即时邻居进行交流，而不试图对整个球进行任何概述。邻居们被要求交换数据，包括他们需要从邻居那里得到的数据，以及他们乐意以任何形式保密的数据，例如信息、液体、力和气体。所有数据都要经过双边谈判获得。交换的数据形成各个设计的参数。规则是只与你的即时邻居谈判，一次只与一个邻居谈判，一对一交流，点对点谈判。如果每个学生都遵守这一规则，那么城市设计理念就意味着球体将自下向上自组装，形成一个一致的三维城市。学生们的行为就像一群懵懂但很专业的鸟，遵循着它们简单的规则，但最终形成了复杂的形状和令人惊讶的复杂行为。在一些简单而有力的规则的基础上自下而上地开发24个独立的项目，已被证明是一个大型城市设计项目的有效形式。我打算将这一概念应用于城市规划研究的现实生活中。

043　加泰罗尼亚电路城

　　我选择了"速度与摩擦"作为为期一周的研讨会的主题。2004年，我被巴塞罗那加泰罗尼亚国际大学（ESARQ）的负责人阿尔贝托·埃斯特维兹（Alberto Estevez）邀请担任领导。250名学生在14名来自世界各地的导师（也包括ONL以及超体研究组的导师）的帮助下参加了此次活动。我给出的设计概要是将加泰罗尼亚公式I电路重新设计成加泰罗尼亚电路城（Catalunya Circuit City）。我给了他们一些基本的规则，其中最重要的规则我将在这里回忆一下。我指示学生们只与他们的即时邻居交流，只处理来自他们的即时邻居的能量、交通、人员、废物和信息的流动，并确保这种流动是永久持续的。这意味着，在总共14个部门中，每一个部门都采用了轨道的一条曲线，这些部门彼此之间相互联系，彼此高度独立地发展，却形成一个连贯的整体。这14个部门代表了城市规模

加泰罗尼亚电路城

巴塞罗那

ONL [Oosterhuis_Lénárd] 2004/

超体研究组/ESARQ

上相互联系的建筑主体，我告诉学生和他们的导师不要担心整体情况，因为这已经被一条简单的规则解决了，担心整体情况只会适得其反，而且有违群体逻辑。群体中没有人担心群体的整体形状，就像你进入你的车一样，各区的居民也会跟着从侧面进入，进入这个车流，成为加泰罗尼亚电路城的一部分，即使他们并不知道全貌，但毫无疑问的是，这14个环线相连部分的相互推进，转变成了一座紧凑城市。

4.14 新型建筑

这种新型建筑是基于建筑构件的极度个性化和最大程度的细节化，并结合极端"社会化"的因素驱动已标记的组件。你已经看到，标记组件必须按照非标准建筑的原则进行设计和标记，并按照工业数控驱动的定制过程进行生产。你已经看到标记的建筑组件构成了合成的建筑主体，这是一个迫切需要样式的主体。个人设计世界将在原始设计材料上发挥作用，就像失重空间中摆动的节点等待着动力线的塑造。内部的群逻辑掌控着形体，但也受来自设计系统外部的群的参数输入的影响。参考点的组织点云随着特征线曲率的变化而变化，同时响应着双曲面的变化，从一个形体转变成另一个形体。

我已经开始开发原型，如在荷兰城市布雷达（Breda）的费斯托互动墙和动态音障（Dynamic Sound Barrier）的概念，它展示了被标记和承载信息的建筑组件从邻近组件读取信息的潜力。在设计过程和实时行为中展开的即时过程都在量子BIM中进行管理，量子BIM是在整个生命周期中协作设计和工程的首选模型。道路已经为非标准设计和新型建筑的新美学扫清障碍，同时工业定制允许生产独特形状的建筑组件，并将其组装成复杂的空间化合物。将微型机器人大脑和执行器嵌入建筑结构中，在用户和他们当前环境之间编织了一种新的关系。

你已经看到了建筑体是如何像外星飞船那样协同当地要素从而与建筑工地建立有意义的关系的（就是那个）。你已经看到，建筑组件从数控机床出来，被包装好，并在需要的时候（就在那时）在建筑工地进行组装。你已经看到，单个的建筑组件只适合一个地方，因为它们在大小和形状上都是唯一的（就在那里）。你已经了解到，环境和标记的建筑组件之间的数据交换必须实时展开，以确保对不断变化的环境作出准确响应。我已经指出，为了提高设计质量，必须在不同的专家之间实时交换数据，并"指导"建筑体以更高的智力水平运作（就是那样）。

由于数据具有运行细胞自动机的内部驱动，它们必然会通知各种相互作用的复杂自适应系统。互动是一种对话，是标记细胞群的社交形式，从标记的原子和分子到标记的大型建筑体和跨活动城市系统。这是可预测的运动中的建筑未来的逻辑结果，数据的进化不希望被困

**韩国丽水世博
会的漂浮亭
（Floating Pavilion）**

ONL [Oosterhuis_Lénárd] 2009

在死胡同里。引用凯文·凯利（Kevin Kelly）的话说：如果你不是实时
的，你就死定了。建筑物将被设计成可以随时移动的，并平衡它们的身
体使其完全静止，就像沙特阿拉伯的1英里高的摩天大楼，或通过其诱
人的流动性，如动态声屏障项目，主动激发公众的想象力。建筑面临在
一维静态体系结构和多维动态体系结构之间的选择，而选择权在你。

CET
布达佩斯

ONL [Oosterhuis_Lénárd]

2007—2011

47°29'1"N
19°03'40"E

044　贡博克

　　上海世博会匈牙利馆内2.5米高的贡博克（GÖMBÖC）是由抛光不锈钢制成的，贡博克在匈牙利语中的意思有点像"胖子"。贡博克是一种特殊的数学定义的三维物体，它有两个平衡点，一个稳定，一个不稳定。如果将贡博克置于水平面上任意位置，它就会回到稳定的平衡点，类似于威宝娃娃（Weebles）玩具。蛋形的威宝娃娃依靠底部的重量，而贡博克则由均匀的材料组成，因此形状本身就说明了它的自扶正性。稳定平衡点并不是我感兴趣的贡博克的特征，我特别着迷的是它的不稳定平衡点。贡博克的唯一一处不稳定平衡点在稳定侧的对面，在这个位置上保持身体的平衡是可能的，但是最轻微的扰动就会使它回到稳定点。俄罗斯数学家弗拉基米尔·阿诺德（Vladimir Arnold）在1995年的一次会议上，在与匈牙利数学家博尔·多莫科斯（Gábor Domokos）的一次谈话中，提出了贡博克型物体的存在。博尔·多莫科斯与匈牙利建筑师彼得·弗德尔科尼（Péter Várkonyi）共同设计了上海版的贡博克。我之所以对这种胖胖的异形体感兴趣，是因为通过可编程的实作技术，我们能够实时修改这样一个物体的形状，从而动态地改变平衡点的位置。这样，我们就能够稳定这种不稳定，并随意破坏稳定。将如何实现这一目标

贡博克

匈牙利馆

上海世博会

expo2010.cn/卡斯·奥斯特豪斯摄

动态音障

ONL [Oosterhuis_Lénárd] 2009

的知识传授给建筑领域，意味着可以开发出一幢坚固的建筑，使自己处于永久的不稳定状态却不会倒塌。结果是意义重大、完全相关的，人们可以真正地设计一个不会倾覆的倒置金字塔。

045 动态音障

　　只有当你需要的时候，这个音障才会出现。在它没有加载信息的时候，音障的翅膀被拉平于铁轨的一侧，一边是布雷达市开阔的视野，另一边是高架铁路。一个永久性的隔声屏障会挡住这个开放的视野。2009年，ONL设计团队提出了一个动态音障方案，当没有火车经过时，动态音障可以让视野开阔。当一列火车靠近，并到达特定位置时，传感器会注意到它的存在，并发出信号，抬起第一个机翼吸收声音。每个翼都与下一个相关联，与列车的速度进行实时同步的传感器阵列。这种波效应类似于在足球场上受欢迎的观众浪潮，形成与火车速度同步的单个机翼一个接一个地传递信息给相邻机翼的空间效应。机翼之间由一种灵活的吸音织物连接，因此确保了一个连贯的隔声屏障，但只有火车来的时候才存在。一旦列车通过，机翼就会一个接一个地降低它们的位置，然后平稳地回到水平排列。机翼内部有几个电子活塞可以使机翼收缩向上运动。动态音障的概念可以作为一个例子，说明承载信息和被标记的建筑组件具有巨大的可持续发展潜力。这种策略自然适用于在两种相互冲突的情况下，暂时需要隔离的情况。

4.15　一种新型建筑的语汇

激进概念： 激进的概念包含精确的定性和定量数据，并且这些数据可以用几行文字描述。

从点云开始： 参考点的点云构成了设计师的个人世界。

起草简单规则： 简单的规则驱动参考点与其即时邻居进行通信。

内化群逻辑： 节点群自下向上表现行为，成为构建组件群的成员。

插入动力线： 动力线给出信息，并自上而下组织节点，以形成集群的特征线。

设想一个复杂的自适应系统： 建筑组件群的相互作用形成了一个复杂的自适应系统。

构建一个输入/输出设备： 复杂自适应系统是处理系统外部信息的输入/输出设备。

塑造建筑主体： 输入—处理—输出装置使建筑主体具有一致的主体计划。

应用参数化设计： 建筑主体被建模为受外部和内部参数约束的一组关联的建筑组件。

在数字无纸化办公室工作： 在数字无纸化办公室中，设计完全在3D模型中发展。二维图是抽象的导数，含有不完整、不准确、虚假和误导性信息。

建立一个建筑信息模型（BIM）： 建筑组件及其参数由建筑信息模型中最早的概念指导，然后不断更新。

双边交换数据： 一群设计专家的成员相互交换数据。

选择你的专业领域： 在设计群体中没有领导者，每个专家都根据自己掌握的专业知识做出决策。

制定形体计划： 三维形体计划是一个复杂过程的结果，施加的外部参数与身体的内部驱动器平衡。

地图交互数量： 有组织的、有信息的参考点填充了形体的双曲面。

同步结构和表皮： 结构的尺寸和形体的表皮是同步的，因为它们是从一个系统进化而来的。

一个建筑，一个细节： 被填充的表面作为一个连续一致的表皮包裹着形体，带有一致的参数细节，以适应表皮上的不同位置。

指定细节： 指定参数节点的细节允许适应当地条件，以实现不同的特征和功能。

包括装饰： 纹饰包含在指定的同步结构加表皮系统中。

融合不同的学科： 不同学科的艺术、音乐、平面设计、建筑、工程和制造都自然地、数字化地融合在一起。

应用协同设计和工程： 随着原BIM的发展，设计师设计的几何图形和工程师的计算使用了相同的计算语言。

欣赏多样性： 协同设计与工程的融合过程导致了功能和意义的自然复杂性和多样性。

变换： 主体平面图具有从一个组成部分到另一个组成部分的无缝转换。

表现感情的样式： 建筑形体的造型具有情感因素，增强了与用户的参与性关系。

嵌入标记： 所有建筑组件都被标记，并且可以单独处理（当标签是小型处理大脑时，它们可以被实时处理）。

从文件到工厂的实践： 从BIM中，每个独立组件的尺寸和性能都得到了精确描述，以方便从文件到工厂的生产过程，使用数据直接驱动数控机床。

熟悉非标准几何： 处理无穷问题的非标准几何数学使人们能够描述和处理双曲面。

利用非标准建筑： 非标准建筑利用了由非标准数学创建的新领域。

包容性思考： 非标准逻辑是包容性的，因为它可以描述所有可能的形状，包括简单的柏拉图形式。

高精度工作： 非标准建筑对概念和几何的定义都要求具有很高的精度。

激进的定制： 激进的工业定制允许非标准建筑设计中的所有建筑组件在形状和尺寸上都是独一无二的。

切换到设计和构建实践： 在设计和构建契约中，与数控生产相联系的非标准设计使之成为可能，即设计人员对数据的准确性承担重大责任，而构建人员确保成本的透明性。

流（stream）实时特性： 实时通知、处理信息和发出修改数据的建筑组件是动态建筑主体实时行为的参与构件。

用参数表示多峰性（multimodality）： 实时行为的建筑物可以具有多模态功能，通过改变驱动结构和内外表皮的参数值，从一种操作模式转换到另一种操作模式。

开发动态图： 由于静态图提供了动态过程的错误画面，所以我们必须使用游戏开发平台来为动态图建模。

把你的建筑想象成一个工具： 实时通知的建筑是一种交通工具，人们可以通过它到达不同的地方，就像使用者演奏的乐器一样。

BIM即动态建筑（Building in Motion）： 一个实时改变形状和内容的建筑是一个动态的运动的建筑。

编程运动： 运动中的建筑物可以实时处理，并通过编程转换成各种功能模式。

为积极主动性做准备： 被编程改造的建筑可能会产生自己的意愿，并主动提出改变。

以多种方式使用土地： 多重性和多模态自然允许不同功能的合并，其中一个功能嵌入另一个功能中，从而导致土地的多重和可持续使用。

开始与差异性对话： 在不断演变的域外量子BIM与当地气候和土地条件之间建立流动数据交换的对话。

进入信息交流空间： 展览空间和建筑场地都是一个信息交流空间，期间产生了大量数据。

承认重复不再等于美丽： 大规模生产使重复变得美丽，成为主流审美，但工业定制结束了这一点。

深入的多样性：多样性是与工业定制相联系的非标准设计的自然审美。

重复已不可持续：为建筑目录大批量生产建筑组件不再是可持续的，因为即使没有需求，它也会生产。

按需生产：非标准建筑自然导致按需生产；建筑组件以一种形式生成，以便因为某种原因在某一时间适合某一个地方。

融合：概念、风格、结构、材料的精确融合是非标准逻辑的自然条件。

加入个人风格：个性化风格被强加于参数化的建筑主体上，增强用户对定制产品的情感依恋。

雕刻你的那栋楼：建筑通过关门变成自主的雕塑，雕塑通过开门变成功能性的建筑。

激活动力线：动力线将其影响力施加于参考点群上，形成了非标准几何的边界条件。

直观的草图：通过快速的手部运动或3D数字化仪记录的直观草图可以作为动力线的轨迹。

吸引或排斥：动力线可以吸引或排斥参考点云中的点。

塑造你的建筑主体：建筑需要一个连贯的主体，由成千上万个独特的组件组成，每个组件都由一个内部驱动器来执行。

制作3D拼图：建筑主体就像一个由相互连接的部件组成的三维拼图，其大小、形状和行为都是独一无二的。

矢量化主体：建筑主体自然地成为一个矢量体，因为身体有一个内在的驱动去的地方。

侧向进入：在矢量体中没有正门；用户通过侧门进入主体，以参与虚拟的旅程，去到想去的地方。

插入镶嵌：一组建筑构件被构思成光滑地嵌入更大的结构中，确保整个主体的连续性。

建造宇宙飞船：建筑主体只有被赋予重力，并且当它们的参数化BIM总是对当地条件的信息开放时，才会在失重的数字空间中被构成。

减少占地面积：在数字空间中设计成宇宙飞船的建筑通常会减少占地面积，从而轻轻触碰地球，将基础成本降到最低。带有小脚印的着陆航天器通常具有从机身突出的大型悬臂部件。

车架结构设计：单体结构的建筑主体采用承重壳体或结构单元的空间体系，从而避免了建筑目录中的柱、梁等半成品。

编写项目特定的建筑目录：任何非标准的建筑主体都创建了自己独特的建筑构件目录，其本身高度系统化，但不标准化，不能用于其他建筑主体。

构成斜肋构架结构：对角结构用于描述构成承重壳体结构体系的双曲面。与正方形网格系统相比，这些壳体提高了结构效率。

分配重力：对角系统比使用附加稳定器的垂直柱和梁网格更能沿曲面曲率分布重力和风力。

使用基本材料：特定于项目的建筑目录允许对基本材料进行最小限度的处理，从而减少了对批量生产材料的切割、弯曲或组装的调整。

避免浪费：工业定制确实大大减少了在建筑工地必须对材料进行调整时所产生的浪费，因为所有的建筑构件都是在工厂单独准备的，然后打包起来再在结构中的一个特定位置组装。

只设计和构建一次：建筑主体设计策略确保了建筑只建造一次，在一个不断发展的BIM中建模，不使用模具生产，不使用脚手架组装。

压缩主体：矢量建筑主体通常建造得很紧凑，具有圆角的身体，很少有伸出的肢体，类似大多数其他产品主体。

提高体积/表面积比：与现代广场设计相比，非标准设计往往具有更有效的体积/表面积比例。

增加土豆指数：土豆指数将建造投入的资本以欧元/千克（原料重量）为单位与土豆的市场价格进行比较；土豆指数越高，建筑主体的信息就越丰富。

流线型：带有显式矢量的建筑主体被流线型化，以改善空气动力学，降低角落的高风速，从而减少热损失和冷却需求。

防洪设计：具有较低占地面积的自支撑壳结构是自然防洪的，因为它们通常位于地面之上，或者如果受到向上的水压，它们能够漂浮。

防飓风设计：这在欧洲地区似乎并不重要，但由于强风无法控制流线型物体，这一点很重要。

参与：从消费社会到参与性社会的转变，使得每个人都可以成为协作设计游戏中的积极参与者，而每个对象都可以成为建筑组件群中的积极参与者。

当一名参与者：正如汽车是精细分支的高速公路系统中的参与者一样，建筑也是复杂的适应性城市结构中的参与者。

自然是计算：自然本质上是一个计算系统，实时执行复杂的细胞自动机交互集，计算以飞秒甚至阿秒为单位展开的离散步骤。

部署博弈论：博弈论是应用数学的一个分支，应用于社会科学领域，也是群体设计策略和主动建筑主体实时行为的基础。

发展新物种：建筑形体的进化导致了新的建筑物种的诞生，就像矢量形体和它的矢量形体计划一样。

学会处理大量的数据：非标准的设计策略和流动的建筑物需要处理大量数据。

成为一名信息架构师：信息架构师能够处理大量的流数据，并且能够实时地平衡自上向下控制和自下向上的构建主体组件行为。

特尔斯
L，v
阿纳姆

ONL［Oosterhuis_Lénárd］1993

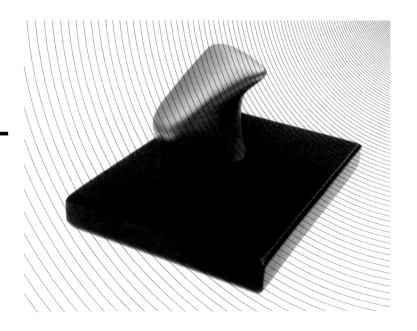

046 特尔斯

尽管早在1993年，汉斯·维尔德胡赞（Hans Veldhuizen）就为在阿纳姆（Arnhem）的展览"L，v"进行了影像化和设计，但是对于非标准建筑，对于固有的定制，对于一个信息丰富的主体结构，特尔斯（TORS）的概念仍然是一个典型的设计。当时我和伊洛娜仍在我们共同追求艺术和建筑融合的早期。特尔斯雕塑大楼的设计高度超过60米，包括地下室在内共20层，采用流线型设计，以节省制冷和供暖成本。室内椭圆的中庭空间，从一层转换到另一层，被想象成充满了大量产氧植物的空间，从而有助于为空调系统提供清洁空气。特尔斯的躯干作为一个碗形建筑坑的整体平衡，清楚地表明任何建筑的基础必须是整体设计的一部分。理论上说，特尔斯主体在凹坑内摇摆，保持其主动平衡。当时还没有技术可以实现特尔斯概念在各个方面的先进性，但经过20多年的实践，现在已经是可行的了。非标准设计强制文件到工厂的技术在2010年通过驾驶舱和iWEB等项目得到了很好的发展，绿色建筑无疑已被提上了政治议程。而且最重要的是，嵌入式执行器技术现在已经为永久性不稳定性的平衡动作做好了准备。这一点已被非标准建筑肌肉、肌体、互动塔、费斯托互动墙等原型，以及动态屏障等激进但100%可以实现的提议证实。